故事課

99%有效的故事行銷，創造品牌力

STORYTELLING,
A STRATEGY TO
CREATE
COMPANY
BRANDING

華語世界
首席故事教練
許榮哲

【推薦序】

99%有效的故事行銷，那最後的1%呢？

鄭俊德（「閱讀人」主編）

現在的我常會透過直播、廣播或各種演講的機會，對大眾聊閱讀、說故事，但是說到台灣說故事界的第一把交椅，就非許榮哲老師莫屬了。老師的代表作《小說課》還熱銷到中國，大賣了十多萬冊，更被中國知名自媒體「羅輯思維」創辦人羅振宇盛讚為「最適合中國人的故事入門教練」。

所以當這次拿到老師的新書《故事課：99%有效的故事行銷，創造品牌力》，一開卷就停不下來。除了故事好看外，更讓人思考如何透過老師提供的案例與說故事技巧，來套用在個人品牌或是企業上，並發現了大大的收穫。

我們先從書名提到的「99%有效的故事行銷」談起。維基百科說，故事行銷就是透過說故事滿足雙方的慾望與需求，進而交換產品或是價值。老師在書中也提到，所謂廣告（行銷），其實就是改變「認知」的價值。

但你可能會想，企業真的能夠只靠故事就讓消費者相信嗎？又如果我是一個新的品牌，沒有太多預算進行宣傳，如何和那些大企業去競爭呢？

書中舉了一個很棒的品牌故事案例：蘋果公司。

蘋果公司應該是現在大家都耳熟能詳的大牌子，但你知道蘋果也曾經進入品牌衰落期嗎？在賈伯斯離開蘋果後，市佔率十年內從百分之二十滑落到百分之五。當時產品怎麼賣怎麼賠，直到一九九七年，賈伯斯重返蘋果接任臨時CEO之後，拍攝了一支廣告「不同凡想」（Think Different），整個公司品牌才確定了定位，並開始推出一系列影響世界的產品。

這支廣告運用了幾個特點，在短短一分鐘裡拼貼了十幾位各領域的天才，分別是：愛因斯坦、馬丁．路德、約翰．藍儂、愛迪生、甘地、畢卡索……

隨著一個又一個天才的影像出現，背後有個聲音娓娓道來，那是賈伯斯的聲音：「只有那些瘋狂到以為自己能夠改變世界的人，才能真正的改變世界。」

蘋果將品牌和「改變世界」的名人牢牢綁在一起，讓人深刻記住品牌的形象與改變世界的定位。

而讀到這裡你會想，這故事要怎麼學？我們公司的品牌和這些名人可以綁在一起嗎？難道不需要付很高的代言費嗎？

這裡分享一下我自己經營社群時誤打誤撞卻成功的做法。「閱讀人」顧名思義很容易和讀書聯想在一起，但我們深知不是所有人都能夠專注閱讀，所以我們推廣讀書也讀人；不僅以文字介紹書，也開始直播說書。後來出版社來信詢問邀請我們採訪作家，讓更多人除了讀到書之外，也能好好聽聽作者介紹他的新書。

就這樣，我們開始和張曼娟老師、吳若權老師、許皓宜老師、李錫錕教授、賴佩霞老師，當然更包括許榮哲老師……等名人有機會一起同台直播分享，也因此拉高了閱讀人的知名度。其實這也是心理學中的光環效應。

你可能會想，我們公司又不賣書，如何邀請這些名人啊？

請換個角度想想，誰說只有邀請到人才能連結品牌精神？能不能透過一些符合公司精神的名言佳句、透過社群或是創辦人來說故事？甚至可以借用文字的光環來點亮品牌亮度，還不需要代言費喔！

但你可能又會問，那該如何說故事啊？

在這裡跟大家分享我在這本書中學到的說故事祕訣。書中提到網路時代的來臨，改變了很多事，包括廣告。沒有人會主動去網路上點閱廣告，因此故事成了解藥，廣告、微電影，甚至直播都需要學會說故事的框架。

許榮哲老師幫大家整理出精彩故事的流程框架，分別是：目標、阻礙、努力、結果、意外、轉彎、結局，共七個步驟，並且用非常多精彩的故事來舉例。我也在此用「閱讀人」的發展故事來牛刀小試一下：

一、**目標**：我們推廣成人閱讀，因我們相信一個大人改變，就能影響一個家庭；生命的空缺可以用閱讀補足。

二、**阻礙**：但不是所有人都愛閱讀或是能專注閱讀。

三、**努力**：我們試著將閱讀大眾化，透過網路社群來說書、說故事，很快的，社群粉絲達到百萬人之譜。

四、**結果**：但百萬粉絲卻無法創造相對的收益，儘管辦了許多場讀書會，但人事行政、網路伺服器等成本費用仍將資金燒至見底。

五、意外：一場讀書會使我們遇到貴人，他說我們的商業模式做錯了。

六、轉彎：我們依舊舉辦讀書會，不過是企業來付費，透過知識導讀協助企業成長，而這並沒有改變初衷，一樣可以影響許多大人。

七、結局：我們開辦了閱讀人學院與閱讀人同學會，透過閱讀影響更多人，也同時創造收益讓公司可以穩定成長下去。

讀到這裡，你發現了嗎？《故事課：99％有效的故事行銷，創造品牌力》不是單純的故事書，而是創造品牌力的故事行銷工具書。

最後，這裡邀請大家思考一下，如果書中講的是「99％有效的故事行銷」，那缺少的1％是什麼？

我的詮釋是「行動」。當你買下這本書時，就是創造品牌力的行動開始！

【推薦序】

笨拙的人講道理，聰明的人說故事

羅振宇（「羅輯思維」創始人）

我曾經看過一個故事。一個失明的老人坐在一棟大廈的台階邊乞討，旁邊的紙板上面寫著：「我是個盲人，請幫幫我。」

他是那麼可憐，可是路過的人卻很少回應他。一個漂亮女孩子從他旁邊走過，突然回身，把老盲人的紙板翻過來，唰唰寫下了一行字，然後離開。

奇蹟發生了——人們紛紛把硬幣放到老人跟前。

長日將盡，女孩再次路過，老人摸到熟悉的鞋子，問她：「你在我的紙板上寫了什麼？」

女孩答：「同樣的話，只是用了不同的語言。」

她寫的是：「這真是美好的一天，而我卻看不見。」

在我看來，「我是個盲人，請幫幫我」是道理，而這個聰明女孩寫的——是故事。

故事，不是編造的用來消遣娛樂的奇異情節，而是製造把人們帶入其中情境，讓他們跟著你一起呼吸、心跳。故事是人類歷史上最古老的影響力工具，也是最有說服力的溝通技巧。

未來的一切產業都是媒體產業。未來的廣告、行銷、遊戲，甚至更廣泛的職場和商業領域，都要求人人必須擅長說故事，能不能在三分鐘內打動面試官、合作夥伴、投資人或者消費者，說好故事很重要。我們永遠記得賈伯斯在蘋果的產品發表會上侃侃而談的樣子，他不是在向我們推銷3C產品，而是用故事來行銷一種價值。

可是很多人都在發愁：我不會說故事啊，我沒有天賦。

我們中國人有一個巨大的認識誤區——文章本天成，妙手偶得之。關於說故事，我們好像更相信它是天才靈感突現的結果，不可複製，更沒有規律可尋。所以我們的大學裡，即便有寫作課，教的多半是應用文的寫作規範。但在美國，哈佛大學把寫作課作為全校唯一的必修課。在其他很多名校，也都開設「虛構寫作課」，教學生說故事的心法和技巧。而學這門課的，可不光是想當作家的學生。

說好故事，其實是有套路的，只是你之前不知道。許榮哲就是那個把製造故事和使用故事的祕密揭開給你看的人。這本書，看到目錄就覺得很心動——

如何用三分鐘說一個完整的故事？

如何用一分鐘說一個精彩的故事？

甚至，如何用十秒鐘說一個說服人的故事？

原來，說故事也可以通關打怪，一路升級，而許榮哲就是身懷絕技的高人。而且，這個高人還願意從旁點撥，把武功祕笈分享給你。我們普通人，就趕緊偷著樂吧。

笨拙的人講道理，而聰明的人，會說故事。

【自序】

國王聽你的，使喚他

關於行銷，我最喜歡的故事是這一個。

世界上叫「喬治」的人，不計其數，但……如果這個叫喬治的人是個「國王」，那就有一點意思了。如果有個「地方」，它的名字就叫喬治，那就更有意思了。如果喬治「國王」和喬治「地方」，兩者的關係居然是老子和兒子，那就有意思到頂了。

怎麼可能？

英國有位將軍，想在美洲建立新的殖民地，但無論說什麼都說服不了他的老大，英王喬治二世（George II）。

因為當時的英國是「日不落帝國」——太陽升起，照在英國的領土；太陽落下，還是照在英國的領土，因為地球的正面、背面都是英國的領土。大英帝國是人類有史以來領土最大的帝國，領土多到煩死人，多一個，少一個，對英王喬治二世根本沒影響。

將軍從「道理」下手。

「這個地方物產豐富、戰略位置重要。」英王喬治二世搖頭，還是搖頭，一直搖頭。

最後，將軍改從「人性」下手。

「老大，你有那麼多殖民地，又怎樣？其中有一個是以你的『名字』來命名的嗎？沒有嘛，就像你有許多兒子，卻沒有一個是你親生的，你受得了嗎？何不由我來幫你攻下一塊領土，然後用你的名字來命名。」

「用你的名字來命名」這句話像雷一樣，打中喬治二世。

表面上，國王和王后相親相愛，一共生了八個孩子，然而實際上喬治二世擁有很多情婦，以及許許多多不、能、攤、在、陽、光、下的私生子。

這就是人性！

從此，世界上有了一個叫做「喬治」的地方——喬治亞州（State of Georgia），位於美國東南方，首府是亞特蘭大，是美國獨立時期十三州之一。老大吃肉，幫他打天下的人也該喝一點湯吧。沒問題，端走！喬治亞州的北部有個縣，名叫奧格爾索普（Oglethorpe），就是將軍的名字。這也是人性！

「喬治國王的喬治亞州」是我最喜歡的行銷故事。但，奧格爾索普將軍到底「行銷」了什麼？

將軍行銷了他的「目的」，用只要是人都抗拒不了的方法——人性。

狹義的故事行銷，是「說故事，賣東西」，這一點很容易理解。

至於廣義的故事行銷，是「切人性，達目的」，這一點更重要！

從現在開始，我們要用一個又一個精彩的故事，為你示範如何「切人性，達目的」，打中對方的心。

對方是誰？

他們是你的顧客、讀者、戀人，甚至是你的國王。

現在讓我們開始說故事，讓每一個驕傲的國王，都為你而低頭！

PS. 特別感謝書寫過程中，兩位故事高手歐陽立中、李洛克的溫暖相助，沒有他們，這套書將遜色許多。我很會說故事，是因為我很會聽故事，尤其是巨人的故事──《影響力》、《創意黏力學》、《故事要瘋傳成交就用這5招》等。

站在巨人的肩膀，我也成了巨人；現在我蹲下來了，你可以踩上我的肩，成為下一個巨人。

目錄

獻給我的兒子——

我欠他一個好故事

第 1 課

行銷是什麼？

「促銷」一定有效，這很容易理解，
但要付出相當的代價，獲利也不會太高；
「推銷」的獲利高一些，但效果會減半，說服力比較低。
至於「行銷」，什麼都沒說，別人就買單。
可能嗎？當然可以！

什麼是行銷？

美國行銷協會（American Marketing Association）下了這樣的定義：行銷是創造、溝通與傳送價值給顧客，及經營顧客關係，以便讓組織與其利益關係人受益的一種組織功能與程序。

大白話就是透過宣傳、推廣，進而促進產品或服務的銷售。

最具象的行為，就是廣告。

促銷、推銷或行銷？

那麼行銷與他的兩位堂兄弟「促銷」及「推銷」有什麼差別？有人用男女追求關係，做了一個生動的比喻。

「促銷」就是男生對女生說：「我爸有三棟豪宅，嫁給我，這些以後都是你的。」

「推銷」是男生對女生說：「我最棒，嫁給我，保證你幸福。」

「行銷」則是男生不直接說自己好，只在女生身邊晃來晃去，女生就被他迷得神魂顛倒。

促銷一定有效，這很容易理解，但要付出相當的代價，獲利也不會太高；推銷獲利高一些，但效果會減半，且容易讓人覺得老王賣瓜，自賣自誇，說服力比較低。至於行銷，什麼都沒說，別人就買單。可能嗎？

當然可以，底下舉一個我超愛的故事。

賣花童故事

情人節當晚，三個沒有女朋友的業務員在小酒館裡喝酒。三個自認為「超級」的業務員，三句不離本行，話題內容大都在誇耀自己的銷售能力。

聊著、聊著，來了一個小小賣花童。

第一個業務員看到了，冷笑著打發他：「小兄弟，我們三個都是單身漢，不需要買花，所以別浪費時間了，要賺錢就去騙隔壁桌那個發情的傻蛋吧。」

他的意思是：賣東西給超級業務員，這不是在關公面前耍大刀嗎？別犯傻了，孩子。

賣花童沒有離開，反而是笑著抽出一朵玫瑰。「誰說情人節一定是男生送女生花，現在也很流行男生送男生啊。」

賣花童搥了搥自己的胸膛：「我也算得上是半個男人吧，來，這一朵玫瑰送你！」

業務員吞了一口口水，愣愣的看著手上的玫瑰，再看看身旁的朋友，表情尷尬極了。為了不被誤會「男男之愛」，他掏出百元鈔說：「呃，一朵玫瑰多少錢？我可不想被誤會，一百夠了吧。」

第二個業務員看到老是吹噓自己很行的朋友出糗，忍不住捧腹大笑。賣花童見狀，立刻抽出一朵玫瑰送他：「看你這麼為朋友開心，你們的關係顯然不尋常。情人節到了，我替他送朵玫瑰給你，代表你們的感情長長久久。」

這下子，換第二個業務員傻眼了。他心想：「他送玫瑰給我？太噁心了，我承受不住，算了、算了、算了……」他也用了最簡單的方法來解決窘境。

第三個業務員眼看兩位朋友相繼淪陷，有所警覺的說：「我不吃這一套，誰想送我玫瑰都行，拿來吧，我不怕被誤會。」

賣花童一聽，立刻從桌上抽出第一個業務員的菸，拿起第二個業務員的打火機，為第三個業務員點了一根菸。

「大哥，抽菸。」賣花童把菸給了業務員之後，立刻幫他捶背、按摩。

「你你你……這是幹什麼？」第三個業務員緊張的問。

「這位大哥，我幫你捶捶背，放鬆一下。如果你覺得我的服務不錯，待會兒給我一點賞錢就行了。」但與其給賞錢，還不如買一朵花比較簡單。

「別、別、別，我買一朵花就是了，不用幫我按摩。」第三個業務員也淪陷了。

當三位自認「超級」的業務員還在驚嘆賣花童的手腕高明時，他已經不知去向。更神奇的是，此時小酒館裡不分男女，每個人手上都有一朵玫瑰。

賣花童究竟是怎麼辦到的？幽默？厚臉皮？手腕高明？

全都對，但這樣的說法毫無意義，因為我們無法從中學得任何技術。

賣花童究竟是怎麼辦到的？我們能像他一樣神嗎？

答案是：**破壞對方的平衡，並且給出最簡單的平衡路徑**。

破壞平衡，給出路徑

人就像一堆沙，沒事的時候，會處於一種靜態平衡。這時如果你往沙堆的腹部，抓一把沙出來，沙堆內部會自動填補缺掉的那一塊，隨即又維持平衡。

賣花童的話術，撬動了三個業務員的內在情感沙堆，讓他們的內在產生了不平衡。人一旦失去平衡，就會自動去尋找平衡。就像水一樣，一旦有了高低落差，就會產生流動，直到再度平衡起來為止。

平衡的方法很多種，水只會去找最簡單的平衡方法，人雖然比較複雜，但大部分的人也一樣，會去找眼前最簡單的方法來平衡。

所以三個業務員都掏錢買了玫瑰，其實是基於同一個理由，眼前最簡單的重回平衡方案，就是買一朵玫瑰。

第一個業務員心想：與其被誤會男男之愛，不如買一朵玫瑰還簡單一點。

第二個業務員心想：與其被誤會同事之愛，不如買一朵玫瑰還簡單一點。

第三個業務員心想：與其給賞錢，不如買一朵玫瑰還比較簡單一點。

賣花童只用簡單幾句話、幾個動作，就打破三個超級業務員的情感平衡，當下他們就像被翻身的烏龜一樣，不把自己翻回來就渾身不對勁，受不了。

賣花童的銷售行為屬於哪一種？促銷、推銷，還是行銷？

如果他說：「情人節，玫瑰買一送一。」就是促銷。

如果他說：「我的玫瑰，超美最便宜。」就是推銷。

如果他只是秀出玫瑰，就讓人有想買的衝動，就是行銷。

答案是什麼，你已經很清楚了。

現在，請跟著我複誦一遍：**行銷很簡單、非常簡單、簡單得不得了**。

賣花童可以，你當然也可以。

旅程開始了！

重點筆記

- 行銷就是透過宣傳、推廣，進而促進產品或服務的銷售。最具象的行為，就是廣告。
- 行銷可以做到「什麼都沒說，別人就買單」，答案是「破壞對方的平衡，並且給出最簡單的平衡路徑」。
- 請跟著我複誦一遍：行銷很簡單、非常簡單、簡單得不得了。

第2課

系統重新「定位」中

無論如何都要成為第一，
如果不能成為項目裡的第一，
那就為自己創造一個新的項目。
萬事萬物都可以當第一名，只要你懂得
重新「定位」。

今天的你，定位了嗎？

昨天的你，和今天的你，肯定有那麼一點不一樣。如果不一樣了，你有重新定位嗎？

我的汽車導航每天都在「系統重新定位中」，它同時也提醒了我：

今天的我，定位了嗎？

先問一個問題。

第一個登陸月球的人叫阿姆斯壯，第二個呢？答案是……不知道。

再問第二個問題。

世界第一高峰是珠穆朗瑪峰，第二高峰呢？答案是……不知道。

如果你覺得題目太難了，那出簡單一點，接地氣一點。

請問，台灣第一高峰是玉山，三千九百五十二公尺，那麼第二高峰呢？答案是……嗯，好像知道，是是是……

好像知道，就是不知道。答案是雪山，三千八百八十六公尺。真是太冤枉了，老大跟老二只差了六十六公尺，從你家走到巷子口的距離。但就知名度而言，第一名和第二名，就是天堂和地獄之別了。

第一名是最佳方案？

從行銷的角度來看，上面三個例子告訴我們，第二名簡直就是掉進泥濘裡，再怎麼努力，效果都有限。所以最佳方案就是當第一名！

怎麼可能？第一名就只有一個，而且又不是考試，努力一下，下次就有機會當第一名。雪山就是雪山，永遠的老二。

錯錯錯錯錯錯錯錯錯錯……如果可以，我想用「錯」字把一整頁填滿。

再問一個問題，大象和螞蟻誰是大力士？

一頭成年的非洲象大約重五公噸（五千公斤），牠能搬運自己體重的一到兩倍，也就是五到十公噸，大約五輛汽車那麼重。

很強，超強。那螞蟻呢？

重量連一克都不到的螞蟻，卻可以輕鬆扛起自身體重五十倍的重物。呼，如果比賽項目是「負重比」，螞蟻將勇奪第一名，把大象打趴。

我女兒四歲時，某次吃飯因為調皮被我責罵，沒想到她居然笑嘻嘻的回嘴：「爸爸是愛生氣第一名，媽媽是愛吃雞骨頭第一名，姐姐是愛吃魚眼睛第一名，我是搞笑第一名。」

聽起來，真的很搞笑，壞的都被她說成好的。傳統的父母，可能會覺得這孩子怎麼這麼會狡辯啊？但我卻心底一驚，這孩子是天才啊，才四歲而已，就提出了史上最重要的行銷觀念——定位理論。

定位理論

什麼是定位理論？

一九七二年，「定位之父」傑克．特勞特（Jack Trout）提出「定位理論」，大意就是「**無論如何都要成為第一，如果不能成為項目裡的第一，那就**

為自己創造一**個新的項目**」。

請張大你的眼睛，這個理論被美國行銷協會，評比為「有史以來對美國行銷影響最大的觀念」。

有史以來、美國、影響最大。

請深深吸一口氣，然後，把手邊的雜事統統丟掉，因為不只美國，這個觀念對你的人生，也可能是有史以來，影響最大，所以請認真看下去。

為何要定位？因為沒有人會記得第二名，除非那個人是你自己。

這時候，「系統應該重新定位了」。但如何定位？

底下舉兩個例子：

一、山

非洲的第一高峰是吉力馬札羅山，高度是五千八百九十八公尺。純粹比高度的話，世界上超過八千公尺的高峰就有十四座，吉力兄還不知會排到幾千幾萬名去呢。

連第二名都沒人知道了，更何況是幾千幾萬名，如果是九千九百九十九名就另當別論（不好笑），這時候「定位理論」派上用場了。

吉力馬札羅山是非洲第一高峰，這個定位乍看沒問題，但其實意義不大，它本來就存在，而不是創造出來的。

這裡指的「定位」帶有一種創造性，以及開發性。

既然在「高度」這個項目大輸，那就開發一個新的項目，這個項目叫「人類徒步可登頂的高山」。如果比這個，吉力馬札羅山就敢自稱第一了。

就這樣，一顆超新星誕生了，吉力馬札羅山是「地球上人類可以徒步登頂的最高峰」。

地球上人類可以徒步登頂的最高峰？這是科學事實嗎？當然不是，但重要的是合情合理**啊**！

吉力兄在乎這個嗎？當然不在乎，但虛榮的人類在乎**啊**！這個響亮的名號一出來，**撼**動登山界，引來無數登山客搶著爬吉力馬札羅山。

現在，你知道「定位理論」為什麼會被評比為對美國行銷影響最大的觀念了吧。

二、人

我有個稱號叫「台灣六年級（七〇後）最會說故事的人」，從我出道不久後就一直跟著我。這個稱號是誰幫我取的呢？

十幾年前，我在聯合文學出版社的雜誌部門工作，我的書即將在同一家公司的出版部門出版。我的新書編輯（也是同事）對我說：「榮哲啊，你自己就是編輯，不如就由你自己來寫自己的文案吧！」

「該怎麼描述自己呢？」我臉紅心跳，像個毫無經驗的小偷，第一次上工就意外闖進皇宮，看到了至高無上的皇冠。

台灣最會說故事的國寶級作家是黃春明。台灣最會說故事的歐吉桑是吳念真。當時的我才二十幾歲，既然真槍實彈比不過人家，不如我就把領地圈小一點、再小一點，如果講三峽金城武還太誇大，那就改成三峽清水祖師廟裡的金城武，總行吧！

最後，我全身顫抖的寫下：「許榮哲被譽為台灣六年級最會說故事的人。」沒錯，我這個小偷把皇冠偷走了。

從此，這個名號就一直跟著我，它是我最珍貴的寶藏，是我用「未來信用卡」借來的。**我預支了我的未來，因為我相信，我的未來還得起這個名號**。

每當我為此感到尷尬時，我就借領英（LinkedIn）創辦人里德・霍夫曼（Reid Hoffman）的話，來給自己打氣：「如果你不為你發布的東西感到一點點尷尬，那就說明你太晚了。」

如今的我，先被大陸最紅自媒體「羅輯思維」譽為「最適合中國人的故事入門教練」，後來又被大陸最大民營出版社「磨鐵」譽為「華語世界首席故事教練」。

它們聽起來都很響亮，也有正當性，但在我心中，都比不上當年我自己「定位」出來的自己——台灣六年級最會說故事的人。

萬事萬物都可以當第一名，只要你懂得重新「定位」。
螞蟻是冠軍，許榮哲是冠軍，連我的四歲女兒都是冠軍。
當你對正在做的事，感到臉紅心跳，那也許是——你的先見之明。

重點筆記

- 定位理論：無論如何都要成為第一，如果不能成為項目裡的第一，那就為自己創造一個新的項目。
- 為何要定位？因為沒有人記得第二名，除非那個人是你自己。
- 萬事萬物都可以當第一名，只要你懂得重新「定位」。

第 3 課

百分之百有效的「故事行銷」

故事非常適合拿來行銷，

它有無數個切入點，甚至是完全相反的觀點。

只要你能找到漂亮的切入點，

合情合理的扭曲現實，

「故事」就能有效的把你的產品推出去。

世界上，沒有一種故事行銷百分之百有效，所以我們必須一次學會「百分之一有效的故事行銷」和「百分之九十九有效的故事行銷」。

但百分之一有效的故事行銷，我們最好不要學。以日本小說家村上春樹為例，他賣的是自己的傳奇，用的是沒有邏輯的怪方法。

百分之九十九有效的故事行銷，我們一定要學。以中國自媒體人羅振宇為例，他賣的是商品（書），用的是邏輯巧妙的好方法。

看完這兩個案例，聽完我的分析，保證你的任督二脈全部打開，隨後不由自主的衝上街，隨手抓到什麼東西、遇到什麼人，就滔滔不絕的說故事，想把手上的東西交到對方手上。

有沒有這麼誇張？就是這麼誇張！

百分之一有效的故事行銷

日本最知名的小說家村上春樹，曾說過一個被文青廣為流傳的小故事。

「我是這樣開始寫作的！」村上春樹說。

二十九歲那一年，一個四月的下午，他去明治神宮野球場看養樂多隊的比賽，他是該隊的球迷。坐在外野區的他，一邊喝啤酒，一邊看棒球。這時，養樂多的球員打出一支二壘安打。那一刻，村上春樹突然浮出一個強烈的想法：「我想我可以寫小說。」

村上春樹說，他確切感覺到，「像是有什麼東西從天空飄下來，然後我清楚的抓在我的雙手中，不知道它為何恰巧會落下來被我抓住。我當時不明白，到現在也搞不清楚，它就是發生了。」

這一段乍看沒頭沒尾的故事，被文青廣為流傳，因為實在太神了。

但它真的不合理嗎？不，它非常合理，只要加入幾個關鍵字，它就成了布局完美的小說。

當年打出二壘安打的人是誰？在第幾局？他又是第幾棒？那一年養樂多隊表現得如何？以上看起來都跟「村上春樹突然開始寫小說」無關，但其實關係可大了。

二壘安打與村上春樹

當年，打出二壘安打的人叫希爾頓（Dave Hilton），他是剛到日本職棒發展的外籍球員。沒沒無聞的他，第一局就打擊出去，而且他就是第一棒。

那一年，養樂多隊一副來陪榜的樣子。財團沒什麼錢，球隊也沒有明星球員。但最後，養樂多隊卻創下奇蹟，不只成為中央聯盟的冠軍，還打敗了太平洋聯盟的冠軍。

以上的故事，幾乎可以拍成電影了。如果這是一部電影，我肯定把這支二壘安打當成電影的開場：

第一局、第一棒、一個沒沒無聞的外來打者，他的二壘安打，石破天驚的打開了最深的黑暗，帶著一臉衰樣的養樂多隊，一路朝冠軍之路邁進。

對了，在棒球術語裡，二壘安打代表的是「站上得分點了」。

選這樣的棒球故事，當作自己（村上春樹）開始寫作的背景，實在是心機得不得了，但這就是作家應該做的事！村上春樹一出手，就站上了得分點。

在人生最迷惘的時候，這樣的故事最激勵人心了。我想村上春樹必然知道，但是他不能解釋，因為一旦解釋，出場就不神了，那獨屬於村上的味道就消失了。

上面的說法，會不會太小人之心了？好吧，換個比較溫暖的說法。

這不是村上春樹的詭計，而是村上的語言風格。他說出的每一句話都讓讀者哇哇哇大叫，不愧是「我們的村神」。隨後，讀者把村神的傳奇轉述給別人聽，因為讀者渴望看到別人也張大嘴巴，像他自己那樣子。

百分之九十九有效的故事行銷

先說個妙故事。

神父開車載著修女，十字路口等紅燈的時候，忍不住伸出鹹豬手，放在修女的膝蓋上。

修女說：「神父，你記得路加福音第十四章第十節嗎？」

神父一聽，尷尬的收手。

下一個十字路口，等紅燈的時候，神父又伸出手，放在修女的大腿上。

修女又重複了一遍：「神父，路加福音第十四章第十節。」

神父聽了，差愧的低頭：「對不起，我控制不住我自己啊！」

回家後，神父打開聖經，翻到路加福音第十四章第十節。

上面寫著：「朋友啊，請上座，這樣才能得到榮耀！」

上面的故事告訴我們：「把份內的事情搞清楚，否則機會隨時溜走。」

有沒有道理？有，但道理不會只有一種，故事的延展力非常驚人，每個人都可以從不同的角度切入。

因此我常出這樣的作業給學生：「路加福音第十四章第十節」這個故事可以給人們什麼啟示？請從另一個角度切入。

底下是學生的精彩詮釋：

一、人生常常只有兩次的機會。
二、人生不會只有兩次的機會，這次懂了，下次就有機會。
三、不要將心比心，你的「以為」不等於別人的「認為」。
四、你的身分常常限制了你的想像。
五、關於溝通，不能只給它一個等綠燈的時間。
六、換個浪漫的地方，成功的機會大大增加。
七、為什麼你只低頭聽話，忘了抬頭看表情？

上面這些句子是怎麼想出來的？答案是透過「**合情合理的扭曲現實**」。不知道你有沒有注意到上面的第一和第二句，「只有兩次」和「不會只有兩次」，它們是「完全相反」的兩種觀點，卻各自成立。這代表了什麼？

這代表故事的可塑性實在太驚人了，可以同時容納完全相反的不同觀點。故事非常適合拿來行銷，其中一個關鍵正是：**它有無數個切入點，甚至是完全相反的觀點。只要你能找到漂亮的切入點，合情合理的扭曲現實，它就能**

有效的把你的產品推出去。

接下來，舉個我心目中最完美的行銷案例，並試著分析一下它是如何成功的「說故事，賣商品」。

有溫度的故事

中國最火的自媒體「羅輯思維」創辦人，江湖人稱「羅胖」的羅振宇，他的話術其實就是上面提到的「合情合理的扭曲現實」。

現在，我們就來看看羅胖是如何藉由「合情合理的扭曲現實」找到另一個切入點，用故事來宣傳他的商品——小說家許榮哲（就是我本人）的著作《小說課》。

二〇一六年三月，羅胖透過「羅輯思維」微信公眾號，發給所有會員一分鐘的短講。一分鐘的短講發放出去，在中國沒有一丁點知名度的小說家許榮哲，他的著作《小說課》第一天就賣了一萬套，共兩萬本。

隨後總共賣了十幾萬本，作者許榮哲就這樣跟著熱了起來。

用「故事」說「故事」

羅胖到底說了什麼？其實這故事來自一個你我可能都看過的網路影片。

有個失明的老人坐在路邊乞討，他的面前放了一塊紙板，上面寫著：「我是個盲人，請幫幫我。」

然而人來人往，大部分的人只瞄了一眼就匆匆離開，沒人停下腳步。後來，有個女孩停了下來，她拿起老盲人的紙板，把「我是個盲人，請幫幫我」這幾個字劃個大叉，然後翻面，重新寫了一段話。

隨後奇蹟發生了。經過的路人看到紙板上的話，再看一眼老人，紛紛掏出錢來。

像下大雪一樣，錢不斷掉下來，老盲人難以置信，這個女孩到底施了什麼魔法？

其實，女孩只是將原本紙板上的「我是個盲人，請幫幫我」，改成「這真是美好的一天，而我卻看不見」。

兩者的差別在哪裡？

第一句「我是個盲人，請幫幫我」，是一種科學的邏輯，冷冰冰的，不帶任何感情——這是百分之百的事實。

第二句「這真是美好的一天，而我卻看不見」，是一種情感的故事，帶著溫度，觸動人心——不是百分之百的事實，因為這個世界未必美好。

是不是百分百的事實，一點都不重要，重要的是：**誰能讓人心軟，把錢掏出來，這才是重點！**

用三個步驟，說一個好故事

故事不一定要長篇大論，女孩只用了短短兩句話、三個步驟，就完成了一個讓人心軟的好故事。

她是怎麼辦到的？我來拆解成三個步驟：

一、**先鋪情境**：這真是美好的一天（把路人捲進故事裡）。

二、**再設懸念**：而我卻看不見（為什麼你看不見？你是誰？）。

三、**最後出人意表：**原來坐地上的老人是盲人（表面上是無法參與美好，實際上是看不見世界）。

亞理斯多德在兩千多年前就講過：**「我們無法透過智力去影響別人，感情卻能做到這一點。」**

「這真是美好的一天，而我卻看不見。」這句話訴說的是：「路過的人啊，你們組成了這個美好的世界，可惜我不能參與你們。」

當路人瞄了一眼這個不能參與他們的人時，就會發現它是雙關語，意謂老人的眼睛看不見。路人上一秒還沉浸在自己的美好處境，下一秒立刻掉進老盲人的悲慘世界，這個巨大的反差，強而有力的把人的情感撩動起來。當人心一變軟，錢就不自覺的掏了出來。

講完老盲人的故事，羅胖補上最後一段話（因為賣書才是他的目的）：

今天推薦給大家的是台灣作家許榮哲的《小說課》一套兩本。我把它「定

義」為一套「講故事」的武功祕笈。

故事裡的女孩，合情合理的扭曲現實，這一點我們很清楚了。故事外的羅胖，也同樣合情合理的扭曲現實，把《小說課》這套講技術與套路的「小說」之書，扭轉成可以讓人產生溫暖共鳴的「故事」之書。

現實扭曲力場

明明是百分百的「小說課」，羅胖卻把它扭曲成不是百分百的「故事課」。是不是百分百的事實，一點都不重要，重要的是，**如何放大銷售的族群，這才是重點！**

羅胖巧妙的把「小說課」說成「故事課」，因為需要小說的人終究是少數，然而每個人都需要好故事。他只用了一句話，就輕輕鬆鬆把銷售對象放大了一百倍，從一萬個需要小說的人，變成一百萬個需要故事的人。

如果你覺得「扭曲現實」這個詞不好聽，端不上檯面，那麼我們給你幾個比較漂亮的說法。

在「羅輯思維」裡，這又叫「偷換概念」——悄悄的把小說置換成故事。在蘋果電腦的賈伯斯那裡，它又叫「現實扭曲力場」——指的是外星人憑藉精神念力，憑空創造出新的世界（詳見《故事課：3分鐘說18萬個故事，打造影響力》第四課）。

不論是大白話的「扭曲現實」，還是轉個彎的「偷換概念」，或者是看起來很神的「現實扭曲力場」，**它們都在「故事行銷」，目的只有一個，那就是讓你的心變軟，然後把錢掏出來。**

以上兩個案例，村上春樹和羅胖，哪一個比較好？

有效就是好方法！

從結果來看，兩個都有效。但我要提醒你，羅胖的方法，一定要學起來，因為這一招幾乎對所有人都有效；至於村上春樹的方法，僅供參考，因為它是一個特例，就算你學了，也不一定有用，用了也不一定有效。

故事行銷的大方向是「放大優勢」，除非你是特例，像村上春樹一類的特例，「壓抑優勢」反倒成了好方法。壓抑所造就的神祕感，渲染了村上春樹的傳奇特質，宣傳了他「神」一般存在的特殊形象。

但你是神嗎？

重點筆記

- 三個步驟，說一個好故事：
  1. 先鋪情境
  2. 再設懸念
  3. 最後出人意表
- 故事行銷的目的只有一個，就是讓你的心變軟，把錢掏出來！

第 4 課

商業廣告的老祖宗

既然「實質」價值動不了，我們就來改變它的「認知」價值。
壞的變好的，這是基本款。
好的變壞的，這是更厲害的進階款。
美化自己和抹黑對手這兩種方法，
可以有效改變事物的認知價值，
認知價值一旦改變，人們的行為就會跟著改變。

上一課看了一個超完美案例之後，你是不是迫不及待衝上街，想立刻實踐你的「故事行銷」之路？

熱血真是一件棒呆的事！

然而，這一股把你推上街的動力，很快就消散了。

很正常，因為你沒有內力，花拳繡腿虛晃幾招之後，無以為繼，很快就會被人看破手腳。沒關係，這完全在我的預料之內。

這一課，我要灌注你兩百年的內力，讓你可以支撐很久、很久、很久，大約兩百年那麼久。

兩百年？你一定覺得我在胡扯。不，是真的。我們要從十八世紀開始說起，然後是十九世紀、二十世紀……

行銷＝廣告？

二十一世紀的現在，行銷手法五花八門。讓我們先來簡單定義一下「行銷」，它指的是透過多種方法（例如廣告），把產品推廣給顧客的過程。意思就是：**行銷＝廣告＋許多方法**。簡化之後就是「**行銷＝廣告**」。

這樣的說法雖然不甚精準，但非常有助於一般人理解。就像羅胖把小說偷渡成故事一樣，一般人或許不知道什麼是小說，但到處聽得到的故事就容易理解多了。

為了方便說明，底下我們姑且把行銷偷渡成廣告。

廣告的目的是把商品推廣到顧客那兒。為什麼廣告有這樣的能耐？答案很簡單，因為不管什麼廣告，它們反反覆覆做的就是底下這兩件事：

一、**美化自己：讓顧客想要你**。

二、**抹黑對手：讓顧客拋棄對手，回過頭來，擁抱你**。

我們接著就舉兩個非常具有代表性的廣告，瞧瞧它究竟是如何「美化自己」，又是如何「抹黑對手」。

這兩個廣告可不是隨處可見的那種，而是廣告中的廣告，廣告界的老祖宗，也就是商業廣告的原型，廣告的最初模樣。以人類來比喻，就是智人了。

萬變不離其宗，把老祖宗搞清楚了，你就知道自己從哪裡來，往哪兒去會比較好。

聽完底下這兩個原型故事，包準你的廣告敏銳度立刻三級跳，內力瞬間增加兩百年。

美化自己：腓特烈大帝的馬鈴薯

先問你一個問題。

如果你是國王，國家三不五時就饑荒、戰爭，作為主食的小麥常常不夠吃，為此頭痛不已的你，好不容易找到一個可以替代小麥的好東西——馬鈴薯；不只如此，你還發現馬鈴薯太好了，好得不得了，具體來說有「三好」：營養高、產量豐富、容易種植。那麼身為國王的你，會怎麼做呢？

還用說，當然是大力推廣啊！

但很不幸的，你一定會失敗，並不是你蠢，而是你沒有特別聰明，在你之前已經有好幾位國王失敗了。俄國的彼得大帝失敗了。法國國王路易十六也失敗了。

你以為是他們不夠用心嗎？錯，愛面子的法國國王路易十六甚至叫他老婆，也就是既尊貴又愛漂亮的王后，頭戴卑賤的馬鈴薯花，傾全力提升馬鈴薯的地位，但人民就是不買單。

民眾不愛的馬鈴薯

為什麼？因為「馬鈴薯」有「三壞」：

第一壞：鬼影幢幢

歐洲當時的主要糧食是小麥。人家小麥朝天長，一派光明磊落；而你馬鈴薯埋在地底下，這不是心裡有鬼嗎？還是你根本就是鬼？

第二壞：染毒陰影

出身茄科家族，非常不妙，這跟出身黑道差不多，因為吃了茄科植物中毒的案例太多了，例如曼陀羅、洋金花。事實上，馬鈴薯確實有毒，它含微量的生物鹼，不過只要經過高溫烹煮，毒素就會分解，所以你得在生吃的條件下，而且還要吃得比豬多才會中毒。然而只要出身黑道，或曾經有過不良紀錄，往往有口說不清啊。

第三壞：聖經沒有說

歐洲國家大多信奉天主教、基督教，所以開口閉口都是「聖經說」，然而馬鈴薯先天不良，後天又失調，出身實在太差了，因此連「聖經沒有說它可以吃」，也成了一種不能吃的原罪。

簡單來講，「三壞」就是吃了馬鈴薯之後，身體和心理可能都會生病。當大家都這麼瘋傳的時候，你還敢吃馬鈴薯嗎？毫無懸念，「三壞」徹徹底底打敗了「三好」。

商品的價值分成兩種，一種是「實質」的價值，一種「認知」的價值。

實質的價值，也就是三好：營養價值高、產量豐富、容易種植。認知的價值，也就是三壞：鬼影幢幢、染毒陰影、聖經沒有說。

聽起來很悲傷，空洞的認知價值，影響力居然遠大於鐵打的實質價值。

不不不，這是好事，天大的好事！

實質價值無法改變，它是什麼，就是什麼，鐵板一塊，動不了。至於認知價值則是有很大的操作空間，既然以前的人可以抹黑它，你當然可以反過來，美化它。

把馬鈴薯變黃金

十八世紀的普魯士（德國前身），腓特烈大帝遭遇到像俄國彼得大帝、法國國王路易十六遇到的同樣難題，人民就是不肯吃馬鈴薯。

平時不吃也就算了，管你的，但如果遭遇饑荒，小麥欠收呢？這時如果還不吃，糧食危機就會慢慢轉變成搶奪食物、流血革命的國安危機。

腓特烈大帝非常有遠見，他深知一個國家不能只有一個主食，風險太大了，他決定大力推動第二主食——馬鈴薯。

腓特烈大帝先來硬的，他威脅農民種，強迫軍人吃。口說無憑，他是這樣下令的：「馬鈴薯的生長，不受地域和自然條件的限制，對人類和牲畜都有益無害。請王公貴族和庶民百姓充分理解馬鈴薯的優點，並把它作為今年春天的主要食品……」

然而就算是大帝，也有權力所不能及的地方。你可以強迫一部分的人種，但沒辦法強迫所有的人吃。問題就出在這兒，農民種了馬鈴薯，卻沒有人願意買，等於白費功。

硬道理說不通，腓特烈大帝換一招，用軟故事誘惑你。他利用讓人困惑的事，來引誘老百姓。既然老百姓不想吃，那就統統不許吃。

腓特烈大帝下令將馬鈴薯定為「皇家蔬菜」，只有皇親國戚可以吃，甚至下令一般老百姓連種都不能種，只有國王能種。腓特烈大帝進一步派士兵看管馬鈴薯田，但暗地裡要士兵鬆懈一點，也就是睜一隻眼閉一隻眼，讓百姓有機會偷一點雞，摸一下狗。

策略奏效了，老百姓好奇得不得了，心想：馬鈴薯真有這麼好？好到可以當皇家蔬菜？好到必須派士兵來看管？那非得去偷一點來試個滋味不可。尤其那些看管馬鈴薯田的士兵，一天到晚混水摸魚，打瞌睡，去偷幾個來嘗嘗，肯定沒問題。

老百姓偷了馬鈴薯，煮了馬鈴薯，吃了馬鈴薯之後，整個身心都改變了。當一回皇親國戚的感覺真不賴，虛榮感出來了。吃了也沒中毒啊，謠言被打破了！口感綿綿軟軟的，挺好吃的嘛。

身心改變之後，行為也跟著改變。不如自己也來偷偷種一點。沒想到馬鈴薯這麼好種，一種就活，一活就活成了一大片。既然吃不完，不如拿一點出去賣。打著「皇家蔬菜」的名義，馬鈴薯在黑市裡又賣了個好價錢。

偷、吃、種、賣，這一連串與馬鈴薯從看不對眼，到不能沒有你的親身體驗過程，就是最好的宣傳。

就這樣，一傳十，十傳百，馬鈴薯的口碑傳了出去，腓特烈大帝用了一個妙招，幫馬鈴薯徹徹底底美化了。

馬鈴薯的認知價值改變了——什麼東西會埋在地底下？當然是黃金。馬鈴薯從不吉祥的東西，變成了珍貴的寶藏。

抹黑對手：凱末爾的黑頭巾

講完「美化自己」，我們接著講「抹黑對手」的故事。

二十世紀初，土耳其的國父凱末爾是個很有遠見的領袖，他想把土耳其建設成一個現代化國家，因此大刀闊斧推動了許多現代化的政策。

在土耳其這個保守的回教國家，凱末爾想做的每件事都難得不得了。因為它們不像馬鈴薯的壞名聲，大多只是捕風捉影的謠言，而是幾乎根植在老百姓腦袋裡的千年傳統。最麻煩的是，這些千年傳統涉及到既得利益者。想要改變，就會立刻動搖國本。底下舉其中的三難：

第一難：把「回教＝國教」的憲法條文刪除。

第二難：廢除一夫多妻制。

第三難：讓女性跟男性一樣，有受教育、選舉的權利。

在保守的土耳其，凱末爾想做的每一件事，都遭到了頑強的抵抗，因為這裡面都涉及了既得利益者，而他們正是土耳其最有權有勢的人，而且不是少數幾個人，常常是一半的人口——男性。相較之下，請女性把頭巾拿下來，這應該是一件微不足道的小事吧。不，這還是一件大事。

土耳其是回教國家，女性從小就戴頭巾，這是她們千百年來的傳統。

把「回教＝土耳其國教」這條憲法條文刪除，這麼艱難的大事都完成了，凱末爾原以為「不戴頭巾」是一件再簡單不過的小事，沒想到卻踢到大鐵板，他用盡各種硬方法，就是沒辦法把土耳其女性的頭巾拔下來。

因為頭巾在風沙大的國家，不只有防護的實質作用，更重要的是，千年來它已經演變成女性潔身自愛的象徵。

那就反向操作，把頭巾變成「不」潔身自愛的象徵。

於是，凱末爾換了一個迂迴的方法，他規定「妓女都要戴頭巾」。這下可尷尬了，戴頭巾原本是一項優良傳統，它讓女性有一種潔身自愛的榮譽感。但現在卻反了過來，女性很可能因為戴頭巾，而被誤會為放蕩骯髒的妓女。

潔身自愛和放蕩骯髒，是完完全全相反的兩件事啊！

這就像當你的鞋子疑似踩到狗屎的時候，疑神疑鬼的心理作用下，最後索性脫掉鞋子不穿了。

同樣的道理，頭巾就是頭巾，它的實質價值完全沒有改變，但在土耳其女性心中，它跟妓女沾上了邊，從此頭巾的認知價值，一落千丈。

上面兩個故事，一個「美化自己」，一個「醜化對手」，然而它們其實是同一件事，**既然「實質」價值動不了，我們就來改變它的「認知」價值**。

壞的變好的，腓特烈大帝的打破謠言，這是基本款。

好的變壞的，凱末爾的逆轉價值，這是更厲害的進階款。

腓特烈大帝的馬鈴薯、凱末爾的頭巾，這兩個商業廣告的原型，給了我們一個很大的啟示：那就是**「美化自己」和「抹黑對手」這兩種方法，可以有效**

改變事物的認知價值，認知價值一旦改變，人們的行為就會跟著改變。

所謂廣告（行銷），其實就是改變「認知」的價值。差別只在於美化得漂不漂亮，抹黑得夠不夠力道。

底下我們就舉一個在美化界和抹黑界同樣厲害的品牌——蘋果。看它如何把自己美化成天才，把對手抹黑成笨蛋。

把自己美化成天才

一九九七年，賈伯斯重返蘋果，接任臨時執行長之後，拍攝了一支廣告取名「Think Different」（不同凡想）。

取名「Think Different」，其實意有所指，因為當年蘋果的主要對手不是三星，而是IBM。

IBM的長期口號是「Think」，所以「Think Different」顯然是衝著對手來的。當年IBM很大，蘋果很小（市佔率只有百分之四），因此把自己塑造成巨人的對手，有效拉抬了自己的聲勢。

然而前面提過了，「實質價值」是鐵板一塊，幾乎動不了，至於「認知價值」則有很大的操作空間。

這支廣告的設定很清楚，它就是傾全力在改變蘋果在人們心中的「認知價值」。當年的時空背景是這樣的，賈伯斯已經離開蘋果十三年了，那一年的蘋果給人們的印象已經模糊了，它不再是賈伯斯草創之初、目標是「改變世界」的那個蘋果了。

所以賈伯斯拍攝「不同凡想」這支廣告的方向非常明確，他要重新擦亮蘋果的目標「改變世界」，於是他找來了十幾個曾經改變世界的名人助陣。

短短一分鐘的廣告裡，拼貼了十幾位各領域的天才，他們分別是愛因斯坦、鮑伯·迪倫、馬丁·路德、約翰·藍儂、愛迪生、拳王阿里、甘地、瑪莎·葛蘭姆、畢卡索……

隨著一個又一個天才的影像出現，背後有個聲音娓娓道來，那是賈伯斯的聲音：

他們特立獨行，
他們桀驁不馴，
他們惹是生非，
他們格格不入，
他們不人云亦云，
他們不墨守成規，
他們也不安於現狀。

你可以稱讚他們，引用他們，反對他們，
質疑他們，頌揚或是詆毀他們，
但唯獨不能漠視他們。
因為他們改變事物。
他們發明，他們想像，他們治癒，

他們探索，他們創造，他們啟迪，
他們推動人類向前發展。
也許，他們必需要瘋狂。

或許他們是別人眼裡的瘋子，
但他們卻是我們眼中的天才。

因為只有那些瘋狂到以為自己能夠改變世界的人，
才能真正的改變世界。

伴隨著廣告最後一句「只有那些瘋狂到以為自己能夠改變世界的人，才能真正的改變世界」所出現的影像，不是世人所熟悉的天才，而是一位平凡的小女孩。

小女孩張開了緊閉的雙眼，彷彿預告下一位不同凡響的天才即將誕生。

蘋果與改變世界

把蘋果和「改變世界」的名人牢牢綁在一起，這一招實在太強大了。

一般廣告砸重金找明星當代言人，這件事是家常便飯，不足為奇。但如果一次能找得到十幾位名人來代言，那就了不起。如果還不用付出一毛錢，那就是天大的了不起。如果這些名人都已經過世了，那就不是天大的了不起，而是不可思議的了不起。

蘋果的廣告，表面上是在讚揚這些改變世界的天才，然而實際上它是在迂迴的美化自己，把天才的特質「特立獨行、桀驁不馴、惹是生非、格格不入、不人云亦云、不墨守成規、不安於現狀、瘋狂到自以為能夠改變世界、改變世界」，一點一滴偷渡到蘋果這個品牌。

隨著廣告的反覆播出，它起了強大的洗腦效果，進而對觀眾產生了恐怖的「制約效應」。日後，人們只要一聽到蘋果，就會立刻浮現「改變世界」這個關鍵字。

這個效果太驚人了，從此蘋果自動升級成為神，而它的競爭對手，全都降級成了賤民。賤民的產品是為了錢錢錢，而蘋果是為了改變世界而來，兩者的核心價值差太多了。

蘋果的認知價值在這支短短一分鐘，幾乎不花一毛錢的廣告裡，不只被重新擦亮，簡直就是鍍上了一層金。不，是脫胎換骨，成了神一樣強大的品牌。

把對手抹黑成笨蛋

如果一九九七年的「不同凡想」（Think Different）是上帝等級的「美化自己」廣告，那麼二〇〇六到二〇〇九年的「Get a Mac」廣告，就是魔鬼等級的「醜化對手」廣告。

蘋果曾拍了一系列的「Get a Mac」廣告，企圖把對手ＰＣ抹黑成笨蛋。這些本質上是抹黑的廣告，居然一拍就是三年，而且總共拍了六十六支。

六十六！這個數字實在是太扯了。就廣告而言，「六十六」實在是難以想像的數字，光從這個數字，你就知道它到底有多成功了！

更可怕的是這一系列廣告居然被網友認定為最幽默的３Ｃ廣告，因而到處幫忙轉分享、四處傳播。

被抹黑的主角，PC不是元氣大傷，而是幾乎吐血吐到身亡。

這一系列的廣告風格大同小異，一個穿著西裝的臃腫中年人，他扮演PC，一個時尚清新的年輕人，他扮演Mac。這兩個人站在鏡頭前，一派輕鬆的純聊天。

舉其中一支「當機篇」為例：

年輕Mac：嗨，我是Mac.

中年PC：嗨，我是PC.

年輕Mac：我們之間有越來越多相似的地方了，我們都可以跑微軟的Office。

中年PC：我們可以共享檔案，這功能超讚。我們只要……

（當機中）

年輕Mac：PC？喂！

（重開機中……）

中年ＰＣ：嗨，我是ＰＣ。

年輕 Mac：好了，我們可以跳過，這一段已經演過了。

中年ＰＣ：喔，我得重新來過（重開機），你知道的……

年輕 Mac：事實上，我並不需要。

中年ＰＣ：噢？是怎樣？難道 Mac 不需要……

（又當機了……）

年輕 Mac：又來了，我要去找網管。幫我看著他一下。

短短三十秒，一劍穿心，一招斃命。

蘋果這一系列廣告之所以成功，絕不是僥倖，它做對了底下三件事。

第一件：事實撐腰

蘋果這一系列廣告之所以威力那麼強大，是因為它說的不是假的故事，而是真的事實，而且是大家都知道的那一種。

觀眾的笑，並不是因為劇情好笑，而是精準戳中了痛點，讓人會心一笑。以「當機篇」這支為例，ＰＣ經常當機，需要重新開機，唉呀呀，實在太寫實了，我的ＰＣ就是這樣，煩死了，太有共鳴了。

第二件：蠢蛋具像化

廣告把Mac和ＰＣ擬人化。

嗨，我是Mac。

Mac是個清爽靈活的年輕人。

嗨，我是ＰＣ。

ＰＣ是臃腫笨重的中年人。

哇，這樣的形像實在太生動了，再加上他們的講話風格和行事邏輯，幾乎是貼著他們的外形創造出來的。這殺傷力實在太大了，蠢笨的印象一旦具像化，就像燒紅的鐵，「滋——」的一聲，烙印在臉上一樣，從此走到哪裡，蠢到哪裡。

第三件：製造反差，接收失分

事實上，Mac不用登場，就能達到抹黑對方的效果。但Mac的同台登場，不只可以造成反差，更重要的是……它可以順勢接收對方的失分。

從銷售市場來看，當年的PC遠大於Mac，所以觀眾大多知道PC的糗，但不知道Mac的好。因此兩人同台亮相，一比較之後，當有人選擇拋棄PC時，立刻知道該擁抱誰。

這一系列抹黑廣告有沒有效？

從Mac見好不收，一連推出六十六支從各個面向來抹黑PC的廣告就知道，答案是超、有、效！

廣告播完，觀眾會心一笑之後，心裡同時產生一個陰影：媽呀，老子用PC，會不會被誤會成傻子啊？

ＰＣ簡直被打到吐血，爬不起來。

這不是蘋果第一次使用抹黑的手法拍廣告，以前它的對手不是ＰＣ，而是ＩＢＭ。一九八四年，蘋果利用小說家歐威爾的作品《一九八四》的獨裁梗，拍了《一九八四》這支廣告，諷刺ＩＢＭ是獨裁者。

在政治上，我們討厭獨裁者，但在商品的市場，我們不會有那麼強烈的自覺。所以把對手抹黑成笨蛋，殺傷力相對大很多。

土耳其國父凱末爾是間接把頭巾跟妓女沾上邊，至於蘋果的「Get a Mac」廣告則是直接把對手ＰＣ跟笨蛋綁在一起。

把人抹黑成笨蛋是絕招！我再強調一次，是絕招中的大絕招！

有個笑話是這樣的，某人大罵獨裁者是「笨蛋」，當場被軍警抓走，最後某人以「洩露國家機密」被判刑。

自古皆然，對付獨裁者最有效的方法就是：把對方抹黑成笨蛋。

人很奇妙，不怕被誤會成獨裁者，就怕被叫笨蛋。

老子就是獨裁者，你咬我啊。
什麼，你罵我笨蛋，我咬你喔。
想想我們的馬英九總統，他的民調是從什麼時候開始爬不起來的——被抹黑成無腦的馬水母之後。

重點筆記

- 不管什麼廣告，它們反反覆覆做的就是底下這兩件事：
  1. 美化自己：讓顧客想要你。
  2. 抹黑對手：讓顧客拋棄對手，回過頭來，擁抱你。

第 5 課

復仇者聯盟：廣告的復仇之路

同一類型的品牌，行銷產品免不了互噴幾滴口水。
互噴口水是一種有用的行銷策略。
大部分的時候，口水無傷大雅，
但有時候，一不小心，口水就名留青史，
成了永恆的經典行銷案例。

有些人真的很煩、超煩、煩得不得了，但你不能跟他們吵架，因為這只會讓你自己更煩。但不反擊回去，會得內傷啊！所以我總是在想，有沒有一句話，就可以叫對方永遠閉嘴？

腦袋好是一回事，但修養不好又是另一回事，所以我總是失敗收場。

但可口可樂做到了，它只用了一句話，就把它的對手百事可樂，打進十九層地獄——接受週而復始的「割舌頭」酷刑。誰叫你嘴巴這麼壞！

可口可樂到底是怎麼復仇的？讓我們先賣個關子。

如果廣告界要組成一個「復仇者聯盟」，那麼微軟PC、可口可樂可以立刻結盟。

三年六十六支抹黑廣告（「Get a Mac」系列），被蘋果抹黑成笨蛋的PC肯定是要復仇的，這你很清楚了。至於可口可樂為什麼要復仇？

因為它的對手百事可樂是個超愛挑釁的痞子品牌，有事沒事就朝它噴口水。有時忍得住，當對方是瘋狗，睜一隻眼閉一隻眼也就算了；但有時真的氣到拳頭硬了，腦袋充血了，實在忍不住，就全力來反擊吧！

如何反擊？

底下我們舉兩正兩反四個例子來告訴你：反擊得好，上天堂；反擊不好，淪落地獄。

失敗的復仇

百事可樂曾拍過一支抹黑可口可樂的廣告，我們姑且稱之為「墊腳石」。炎熱的夏天，貌似南美洲的小村落，一名年約七、八歲，顯然剛踢完足球，一身古銅膚色的小男孩出場了。

他穿過牆上滿是塗鴉的大街，停在一家小商店門口的自動販賣機前。口渴的他抬頭看了看販賣機，一連投幣買了兩罐可口可樂。

隨後，意外來了，小男孩居然把兩罐可口可樂放在地上，當作墊腳石。然後踩著可口可樂，把自己墊高，高到可以按到販賣機最上面的百事可樂按鍵。

最後，小男孩拿著一罐百事可樂，開開心心走了，留下地下兩罐踩髒的可口可樂。

一般觀眾看完廣告，可能會心一笑，但被抹黑的品牌肯定開心不起來。

有人把腳踩在你臉上，你還可以當作沒看見嗎？這個舉動越過紅線了，必須反擊！

可口可樂的反擊

苦主可口可樂做了這樣的反擊。它依樣畫葫蘆，另外拍了一支廣告「反墊腳石」。

一樣是炎熱的夏天，但是地點不明，有一名看起來更小、大約只有五歲的白人小孩，頭戴棒球帽，腳踩著拖鞋，打著赤膊出場了。乾淨的街道上，有一台大冰箱。

口渴的他打開冰箱，裡面滿滿的都是可樂——可口可樂在上層，百事可樂在下層。隨後，幾乎一模一樣的行為，小男孩拿下層的兩罐百事可樂來墊腳，讓自己可以拿得到上層的可口可樂。

到目前為止，兩支廣告大同小異，最大的差別在下一個動作。離開前，白人小男孩「多」了一個動作，他撿起地上的兩瓶百事可樂，把它們擺回冰箱後，這才離開。

如果可口可樂不反擊，那就是沒禮貌的百事可樂理虧，但這一反擊，就扯平了，再來就比誰拍得好。

兩支廣告比一比

我們把兩支廣告放在一起比較一下：

百事可樂廣告「墊腳石」：

自然的場景：南美街頭

合情合理的角色設定：踢完足球的七、八歲小男孩，為了喜歡的百事可樂，對他牌可樂做出近乎「踩臉」的不禮貌舉動。

可口可樂廣告「反墊腳石」：

不自然的場景：人工街頭

自相矛盾的角色設定：打赤膊、穿拖鞋的五歲小孩，做出不禮貌的舉動之後，卻又非常有禮貌的把被「踩臉」的他牌可樂放回原位。

相較於百事可樂裡天真不懂事的足球小男孩，可口可樂裡的赤膊小小孩實在是做作過了頭，他的行為只會讓我們聯想到滿滿的成人式的虛偽，讓人看了非常不愉快。

我們可以理解，準備反擊回去的可口可樂，它的思維是「用自己的禮貌，來凸顯對手的不禮貌」，然而把腳踩在別人臉上之後，才又大聲宣告：是這傢伙先踩我的，雖然我踩了回去，但是我超有禮貌的，踩完之後，我還把它們放回去喔。

這這這……也太荒謬、可笑了。

依樣畫葫蘆的結果，畫虎不成反類犬，可口可樂反倒又挨了一巴掌，更慘的是第二巴掌是自己賞給自己的。

成功的復仇

可口可樂拿了一手好牌（對手理虧），最後卻打輸了。相反的，漢堡王拿了一手爛牌（對手有理），最後卻反倒贏了。它是怎麼辦到的？我們來看底下這個成功復仇的例子。

法國的麥當勞曾拍過一支廣告，嘲諷對手漢堡王的營業據點少。荒郊野外的公路上，立著兩支廣告招牌，上面分別寫著距離「漢堡王」還要兩百五十八公里，而距離「麥當勞」，只要再五公里就到了。

最後字幕打出：「超過一千家得來速（免下車的店），麥當勞離你更近。截至二〇一六年二月九日統計，漢堡王得來速只有十七家。」

麥當勞的廣告，訴諸的是數字：五公里和兩百五十八公里，一千家店和十七家店。

鐵一般的事實，漢堡王輸慘了，幾乎完全沒有反駁、硬拗的空間。

既然山不轉，那就路轉；既然路不轉，那就人轉；既然人不轉，那就腦袋轉吧。

漢堡王的反擊

腦袋轉啊轉，沒多久，漢堡王借力使力，借麥當勞的梗，「接力」拍了另一支廣告。

一對年輕男女開著車，經過前面提到的那兩支廣告招牌前面（距離麥當勞五公里、距離漢堡王兩百五十八公里），隨後又開了五公里，來到了麥當勞。

年輕男女點了一杯咖啡，不過他們特別強調要「大」杯的，因為還有很長一段路要走。

當車子開出麥當勞時，字幕打出：「距離你的華堡（漢堡王產品）只剩兩百五十三公里（258 − 5 = 253）。謝謝麥當勞，還好你們無所不在。」

影片最後，男女主角風塵僕僕開了兩百多公里來到漢堡王。

他們吃著華堡，男主角說：「正點，其實不會很遠啊！」

女主角附和道：「一點也不遠。」

瘋了嗎？兩百五十八公里當然很遠啊！但這個遠，正好強烈烘托出漢堡王的華堡實在是太好吃了，再怎麼遠都划得來。麥當勞那麼近，有個鳥用。不，還是有鳥用，正好當漢堡王的墊腳石。

一般人都認為「酸」不是件好事，然而漢堡王的廣告正好打臉這種說法。因為，漢堡王比麥當勞的廣告酸了一百倍！神奇的是，觀眾一面倒喜歡比較酸的漢堡王，為什麼？原因很簡單，因為漢堡王懂得拿自己的短處來開玩笑，這才是真幽默。

自嘲才是真幽默

自嘲！自嘲！自嘲！既然贏不了，那就換個思維。

人生不一定要贏，你也可以輸得漂亮。所以重點不在酸不酸，而是如何的酸法。酸是一門藝術。酸的好是水果醋，養顏美容，讓人忍不住想嘗一口；酸不好是洗腳水，噁心想吐，避之唯恐不及。

觀眾不是呆子，絕不可能因為一支廣告就改變遠近的觀點，他們當然知道漢堡王是苦中作樂，而且絕對是苦到滲出眼淚的那一種。

弱者能在眼角流淚的同時，卻又嘴角含笑的揮出拳頭，慢動作的反打強者一拳。雖然這一拳軟弱無力，沒有任何傷害性，但這樣的弱者反倒常常能贏得觀眾最大的同情與敬意。

笑中帶淚的自嘲，是漢堡王一面倒，贏得觀眾一致讚賞的最重要關鍵。

史上最成功的反擊

漢堡王做了一次成功的反擊。然而，這只是「好」的示範，並不是「最好」的示範。原因是，它無形中再次加深了觀眾的印象：漢堡王據點少，必須千里迢迢才找得到。漢堡王的成功有點像是往自己臉上揮拳，利用嘴角的血絲，來搏得觀眾的同情，帶著濃濃的苦澀滋味。

如何反擊，才是「最好」的示範？底下有一個好例子，可口可樂對百事可樂的反擊。

等等，你有沒有寫錯？前面不是才剛剛舉過例子，可口可樂對百事可樂的「墊腳石」廣告，反擊失敗。

不，這裡指的是另外一個例子。百事可樂是個喜歡惹事的品牌，而且它專挑市佔率比它大的可口可樂下手，這是個有效的策略。

如果可口可樂忍不住回手了，那更好，廣告會因此而有話題性，效果就會一連翻了好幾番。所以，百事可樂又來挑釁了。

百事可樂萬聖節篇

百事可樂在萬聖節的時候，推出了一支平面廣告。

百事可樂身上披著 Cola-Coca 的披風（故意將可口可樂名稱 Coca-Cola 前後倒置），並且打上一句文案：「We wish you a scary Halloween.」（祝你有一個恐怖的萬聖節。）

很壞、超壞、壞得不得了！它是企圖要把可口可樂抹黑成「恐怖嚇人」的難喝。

上面的「壞」有雙層意義：第一個壞是字面上的壞，意思是心腸不好；第二個壞是字面外的壞，指的是麻煩大了。

是的，百事可樂麻煩大了。抹黑別人必須有個大前提，那就是至少要有三分證據，否則不只沒有效果，還會輕易讓人抓到反擊的把柄。這絕不是偷雞不著，還虧了一把米這麼簡單，後續還會因為踩到雞屎而狠狠跌上一跤，最後被抓到警察局，關了一輩子。

哪有這麼慘？不，這一次真的就是這麼慘！

可口可樂萬聖節篇

果然，隨後可口可樂做了一次史上最成功的反擊。

它利用一模一樣的圖，只是把文案改成：「Everybody wants to be a hero.」（每個平凡人都渴望當英雄。）

同一件披風，一個巧妙的轉彎，可口可樂披風就從「恐怖嚇人」變成「英雄」。

百事可樂用恐怖嚇人來形容對手，一沒有證據，二下手太重，以至於完全失去幽默感，更像是潑婦罵街的惡意攻擊。相反的，可口可樂一個巧勁，輕輕把對手貶為平凡人，高高把自己捧成英雄。

如果我們把上面的分析用數字來具象化，分數從最低0分到最高10分。

百事可樂得分如下：

說對手恐怖嚇人，傷人10分
與自己毫無相關，得分0分

可口可樂得分如下：

說對手是平凡人，傷人1分
把自己推上英雄，得分10分

反擊的力道該如何拿捏？兩相比較之後，就很清楚了。**關鍵之處在於：輕輕vs.高高。利用輕輕說別人的壞話，反轉成高高吹捧自己的好話，這才是最佳的反擊力道**，否則就成了潑婦罵街，失去了廣告作為創意的力量。

當可口可樂上了天堂，百事可樂就只能淪落地獄了。因為當這支廣告成了反覆被拿出來討論的經典案例之後，百事可樂就永遠背負了汙名。這對極端重視創意的廣告圈而言，幾乎等同於被關在十八層地獄裡，一輩子。

這支不花一毛錢，又威力驚人的廣告文案，是我認為最成功的反擊。

最後補充一下，這支廣告可不是可口可樂記取教訓，找了行銷高手來助陣，而是看不下去的網友幫忙做的反擊。

這就是沒有證據最可怕的地方。因為它會引來路見不平拔刀相助、隱藏在民間的高手，跳出來亂刀砍死你啊！

史上最失敗的反擊

有最成功的反擊，就會有最失敗的反擊。

一般人吵架，不經大腦，隨便亂講話也就算了，但拍廣告抹黑對手，或報復對手這件事，可不能亂來，因為它們都會有副作用，非常像七傷拳，只要一個用力不當，常常沒傷到對手，自己反倒受重傷。

前面提過蘋果連拍了六十六支抹黑廣告，效果直逼散彈槍，把對手打到體無完膚。受了重傷的微軟當然一直放在心上，二〇一三年逮到機會，也推出一支反擊的抹黑廣告「古柏帝諾（Cupertino）牆上的蒼蠅」。

顧名思義，整支微電影是由一隻蘋果加州總部古柏帝諾牆上的蒼蠅拍的——最好是啦，這當然是一支模擬的惡搞影片。

影片模擬蘋果內部高層開會，針對最新的產品，設計過程狀況百出的搞笑內容。然而這支微電影，幾個小時之後，就下架了。原因是影片裡開會的高層是賈、伯、斯、的、背、影。

老天爺啊，你一定覺得蘋果也太小家子氣了，你自己還不是常常嘲諷微軟嗎？為什麼不准別人開你玩笑？重點不在玩笑，而是玩笑的「時機點」：賈伯斯逝世於二〇一一年十月五日。

二〇一三年，賈伯斯剛去世一年多。這時推出嘲諷蘋果的影片，如果賈伯斯不在影片裡，大家沒想那麼多，或許笑一笑就過去了，但你找來一個身形外貌和賈伯斯很像的臨時演員演這齣戲，不就是自己討打嗎？

死者為大，尤其是生前受人敬仰的人。這件事即使在以幽默感著稱的美國，依然是個鐵則。

同一類型的品牌，行銷產品時，總免不了互噴幾滴口水，一般觀眾也樂得搬椅子，坐下來看好戲。

互噴口水是一種有用的行銷策略。

大部分的時候，口水無傷大雅，對手暗暗罵一聲，就過去了。但有時候，一不小心，口水就名留青史，成了永恆的經典行銷案例。

最後，我們要為「復仇者聯盟」：微軟、漢堡王、可口可樂，用力的鼓掌，再鼓掌，一直鼓掌。因為它們用最強大的智慧，和最驚人的愚蠢，為我們留下了超級經典的行銷故事。

重點筆記

- 同類型的品牌在行銷產品時，免不了互噴幾滴口水。互噴口水是一種有用的行銷策略。
- 反擊的力道該如何拿捏？關鍵之處在於：輕輕 vs. 高高。利用輕輕說別人的壞話，反轉成高高吹捧自己的好話，才是最佳反擊。

第 6 課

廣告故事的兩種套路、三種角度

網路時代的來臨，改變了很多事，包括廣告。
但沒有人會主動去網路上點閱廣告，因此故事成了解藥。
融入故事的廣告，讓廣告看起來不像廣告，
而是像一支短一點的電影，
我們稱之「微電影」。
説穿了，它就是廣告，只是帶有濃濃的故事性。

口水戰實在太好看了，它很容易一不小心就演變成肉搏戰，最後甚至擦槍走火，一路失控下去，最後忘了初始的目的是宣傳商品，而不是丟臉啊。

別人失控也就算了，但你可不能失控！如果你只看噴口水、搧巴掌這類重口味的廣告，長期下來很可能失去判斷力，所以還是讓我們深吸一口氣，暫時回歸理性。

廣告拍得好不好，有時不容易察覺，但如果把同一類型品牌的廣告擺在一起，好壞就一目了然。

前幾課的微軟、蘋果、百事可樂、可口可樂、漢堡王、麥當勞，分別做了精彩的示範，然而它們因為涉及了抹黑及報復，所以不夠客觀。

接下來，我們挑了兩組各說各話的廣告，用客觀的角度來分析「故事怎麼說」、「廣告怎麼拍」，才能讓產品脫穎而出。

兩種故事套路

網路時代的來臨，改變了很多事，包括廣告。但沒有人會主動去網路上點閱廣告，因此故事成了解藥。

融入故事的廣告，讓廣告看起來不像廣告，而是像一支短一點的電影，我們稱之「微電影」。微電影是目前最常見的行銷模式之一，說穿了，它就是廣告，只是帶有濃濃的故事性。所以評析微電影時，我習慣從兩個地方切入，一是故事，二是廣告。

故事說得精彩，廣告效果就一定比較好嗎？大致是這樣的，但不完全是！我們拿兩部同樣是信用卡公司（Mastercard、Visa）拍攝的微電影來驗證一番，它們正好採取兩種完全相反的故事公式。

微電影「大象報恩」

Mastercard的微電影「大象報恩」，採用的是「努力人」公式（詳見《故事課：3分鐘說18萬個故事，打造影響力》第三課）。

「努力人」公式四個步驟如下：

一、目標：主人感冒了，大象報恩，千里迢迢去為主人採買東西。

二、阻礙：大象不只沒有錢，也不會使用錢。

三、努力：大象用信用卡一連買了四樣東西（表示信用卡操作簡單，連大象都會用）。

四、結果：大象成功完成採買任務，反過來照顧了自己的主人。

影片最後下了一句標語「Making it all better: priceless」，中文翻譯成「萬事皆可達，唯有情無價」。

微電影「猩猩小偷」

Visa的微電影「猩猩小偷」，用的是「意外人」公式（詳見《故事課：3分鐘說18萬個故事，打造影響力》第3課）。

「意外人」公式四個步驟如下：

一、目標：女主角搭車要穿越叢林。

二、意外：途中遇到猩猩小偷，把女主角的包包偷走。

三、轉彎：刷Visa卡，買來一卡車香蕉，猩猩看到香蕉，受不了誘惑，把偷走的東西統統拿出來換。

四、結局：猩猩想跟女主角要厲害的 Visa 卡，女主角當然搖頭拒絕，這時猩猩小偷秀出手上的車子鑰匙（表示「你的車子在我這裡」），反將女主角一軍。

影片最後下了一句標語「All it takes.」，中文翻譯成「萬事皆可達」。

微電影比一比

把 Mastercard 和 Visa 的標語拿來對比一下，高下立判啊！

一個是「萬事皆可達，唯有情無價」。

一個是「萬事皆可達」。

唉呀呀，太妙了，Visa 的標語正好比 Mastercard 少了一半，而那一半是「唯有情無價」。

純粹就故事而言，「猩猩小偷」這個故事，意外之外，還有意外，充分發揮了猩猩的特質：猴怪（搞怪＋狡猾）。

先偷包包，再偷鑰匙。兩次的偷，第一次動推情節，第二次倒打一耙，讓人會心一笑。看過的人，都會忍不住笑出聲來！

而「大象報恩」這個故事，則是讓大象重複做刷卡的動作：買湯四元、買藥十一元、買衛生紙一元、買毛毯二十四元。相對之下，劇情比較無趣，但但但……這些重複的動作，其實非常有意識的與產品（信用卡）連結在一起。

在觀眾完全不反感（甚至沒發現）的情況下，這支微電影一而再、再而三、三而四的宣傳商品。

不只如此，「大象報恩」的核心精神「萬事皆可達，唯有情無價」這個概念實在太成功了。因此 Mastercard 見好不收，這些年來，不管故事內容怎麼變，標語就是不變，直到現在還在拍。

友情拍完，拍親情；親情拍完，拍愛情……

Visa 的「萬事皆可達」是直接的道理，至於 Mastercard 的「唯有情無價」則是有溫度的故事。

「花錢買東西」明明就是商業的行為，但 Mastercard 卻「反轉金錢為友情」，巧妙的把它包裝成溫暖而美好的永恆價值：人與動物之間的美好情誼。然而說穿了，這些所謂「無價」的友情、親情、親情……其實都是花錢（刷卡）買來的。

但又如何，**誰會說故事，誰懂得偷換概念，誰就是贏家**。

我曾經針對「大象報恩」與「猩猩小偷」這兩支微電影，做過多次票選。以故事精彩度而言，「猩猩小偷」勝過「大象報恩」，但就廣告效果而言，「大象報恩」勝過「猩猩小偷」。

「猩猩小偷」故事說得比較好，那又如何？「大象報恩」的廣告效果比較好，這才是重點啊！

說到底，**微電影裡的故事只是包裝，而廣告才是重點**。猩猩純粹只是……貌似聰明的傻子！至於大象，它才是聰明的贏家。

這意思難道是……故事不重要？

當然不是，我的意思是：**故事不能只是好故事，既然它是為廣告服務的，**

那就必須把「有效的廣告」擺在第一順位，而不是以「說一個好故事」為第一優先。

三種切入角度

接下來介紹三支汽車廣告，三家公司賓士（Benz）、寶馬（BMW）、豐田（TOYOTA），分別用了三種不同的說故事技巧。

看完這三個故事之後，我想要問你：誰比較厲害？

一、正面迎戰：賓士（Benz）

把惡劣的天氣擬人（動畫）化，讓賓士直接跟天空的邪風、惡雨勒脖子架拐子，一對一直接對幹。

先是烏雲遮日，沒關係，賓士跑得比雲快。隨後烏雲兩面包抄，沒關係，賓士還是跑得比雲快。最後烏雲十面埋伏，還下起暴雨，賓士看似跑不掉了。沒關係，賓士升起車蓋，阻擋住暴雨，瀟灑的離開。

最後毫無懸念，賓士勝出。從故事的角度來看，賓士火力全開，從頭到尾都是兵來將擋、水來土掩，一連串的直拳加重拳，沒有懸念，沒有意外，也沒有轉彎。賓士從頭厲害到尾，故事感薄弱。

二、側面進攻：寶馬（BMW）

鏡頭從頭到尾專注「跟拍」一台高速行駛的「火箭」跑車（配備了戰機的渦扇引擎、推力可達八千公斤、速度創下一馬赫的極速），它正準備突破音速障礙。看似平淡的影片，最後卻轉了一個大彎，鏡頭外的人突然問：「如閃電的速度全程跟拍，鏡頭都抓到了，有車比它還快，是什麼車如此快？」

意思是「誰」比火箭跑車的速度快？

瞬間，戲劇張力大爆炸。鏡頭一轉，原來是一台 BMW（上頭架著攝影機），它間接告訴我們，「BMW 跑得跟火箭一樣快」。事實上，觀眾完全沒看到 BMW 的跟拍過程，我們只看到一台靜止在原地的 BMW，就被說服了，屬於聰明得不得了的故事。

三、繞後突襲：豐田（TOYOTA）

狀似父子的兩個男人開車出外兜風，途中遇到一個拋錨的美女，在路邊攔車等待救援。年輕人興奮極了，要中年男趕快來個英雄救美，沒想到車子駛近美女時，中年男突然看到鬼似的，急踩油門，飛奔而去。

「為什麼？」年輕人完全無法理解。

中年人反問年輕人：「你有看到她開什麼車嗎？」

年輕人：「TOYOTA。」

中年人說：「你什麼時候看過 TOYOTA 的車拋錨？」

話一講完，美女突然撕碎自己的臉，露出猙獰的真面目，她是魔鬼。

魔鬼惡狠狠的說：「這次算你好狗運，下次一定要把你吃了。」

故事在情節出現意外，戲劇張力大爆發，觀眾理智最薄弱的時候，巧妙的植入一句話：「你什麼時候看過 TOYOTA 的車拋錨？」

這個「問句」太妙了，它是一個重要的關鍵轉折，因為它是從中年人的觀點出發的，所以他當然可以這麼主觀認定。

我們對 TOYOTA 確實有個刻板印象，它好像比較少故障，但那也只是刻板印象，大約只有三、四成的可信度。

只不過中年人的問句一出口，「TOYOTA 很少抛錨」這個概念，立刻偷渡了——從中年人的主觀變成一般人的客觀。這支廣告用一個「問句」，巧妙的把三、四成的可信度，瞬間拉高到七、八成。

還沒完。故事結束之後，廣告還下了一個強而有力的標語：「永不抛錨的車！」

在七、八成可信度的鋪墊下，「永不抛錨的車！」這句百分百的話，讓還沉浸在故事裡的你和我，毫無抵抗能力的全盤接受了。

從此，「永不抛錨」牢牢跟著 TOYOTA，永遠刻在你我的腦海裡——這就是故事的力量。

三支廣告比一比

以上三支廣告，到底誰比較厲害？從故事的角度來看，當然是繞後突襲的

TOYOTA 比較厲害。

但重複問了第二遍之後，你是不是開始覺得事情不單純，問題裡面似乎藏著什麼詭計。

沒錯，這個問題裡面藏著詭計。先別急著回答，看完接下來這五個問題之後，你可能會有不同的答案。

問題一：誰的故事最好？

問題二：它們分別想賣給誰？

問題三：哪支廣告最有效？

問題四：你最想買哪一台？

問題五：你是窮人，還是有錢人？

問題一：誰的故事最好？

故事說得好，對商品的銷售當然有正面的影響，但最大的影響因子，其實是有效的消費族群。

什麼意思？意思就是你的故事再好，一個陽剛的大男人也不會去買凱蒂貓或唇膏或高跟鞋。

問題二：它們分別想賣給誰？

仔細觀察一下，三支廣告都是針對它的消費族群，說故事。

例如買賓士的人，多數是老闆等級，大都有專門的司機幫忙開車，所以他從沒想過「保養」這件事，他想的都是門面、門面、門面，尊貴才是最重要的事，拋錨的事就讓司機去頭痛吧。喔，對了，大老闆的時間特別寶貴，所以不要跟他拐彎抹角，車子哪裡好，直接告訴他吧！

買 BMW 的人，多數是意氣風發的年輕主管或小老闆，他們的事業正要起飛，正要踏上人生的冒險旅程，所以想像、速度、冒險，是他們的關鍵字。

至於 TOYOTA 是國民車，很多人都買得起，這個階層的人，最在意的是性（能）價（格）比，所以車子的狀況越少越好。

問題三：哪支廣告最有效？

答案是平分秋色，因為它們都做過市場調查，很清楚知道自己要賣給誰。

現在來到最後兩題：

問題四：你最想買哪一台？

問題五：你是窮人，還是有錢人？

雖然答案是什麼，沒什麼好丟臉的，但會看到這篇文章的你啊，我很清楚知道你是誰。所以，你知我知就好，再重複一次，沒什麼好丟臉的。

我也是開 TOYOTA 的，老子就是在乎性價比啦，怎樣？

重點筆記

- 廣告故事的兩種套路：
  1. 努力人公式
  2. 意外人公式
- 廣告故事的三種切入角度：
  1. 正面迎戰
  2. 側面進攻
  3. 繞後突擊

第7課

全宇宙最會行銷的企業

在這個「後真相」的時代，故事的力量越來越強大。
取個有故事的名字，設計個有故事的商標，
讓研究者有東西可以研究，讓好事者有東西可以八卦。
它將讓你一出場，就充滿了魅力。

世界上最會賣東西的人叫作畢卡索，他所有的努力，都一點一滴儲存進這個叫「畢卡索」的容器裡。

慢慢的，畢卡索這幾個字不純粹只是一個人，不純粹只是一個名字，而是一個**「發光的容器」，它背後隱含著巨大的商業價值。這樣一個發光的容器，我們稱之為「品牌」**。

生前，「畢卡索」這個品牌的影響力驚人。死後，「畢卡索」這個品牌的影響力更為驚人。

創下拍賣史上最高價位的作品，正是畢卡索的畫作，而且是在他死後才拍賣出來的。

發光的容器——品牌

如果說世界上最會賣東西的人是畢卡索，那麼，誰又是世界上最會賣東西的企業？

答案眾說紛紜，包括蘋果、迪士尼、可口可樂……都在候選名單之列。我們乾脆請其中一位候選企業的代表人物——賈伯斯來告訴我們，他心目中誰是最會賣東西的企業？

賈伯斯說：「全宇宙有史以來最佳行銷案例，就是……Nike。」

注意到了沒有，賈伯斯說的不是「全世界」，而是「全宇宙」，而且是「全宇宙有史以來」。由此可見賈伯斯對 Nike 的推崇，已經到了五體投地、雙腳跪下來的地步了。

這句話一點都不誇張，只要仔細看一看蘋果和 Nike 的行銷手法就知道了。我們幾乎可以這麼說，蘋果的行銷手法就是向 Nike 學來的。

究竟 Nike 為何稱得上是全宇宙有史以來最佳的行銷案例？還有，蘋果究竟從 Nike 那裡學到了什麼？

在此之前，我們先來看看什麼是「品牌」？為什麼它有這麼大的影響力？

什麼是「品牌」？

「品牌」的英文是 Brand，來自古挪威文 Brandr，字尾多了一個 r，意思是「燒灼」。

最初的時候，人們用燒燙的鐵，「滋——」的一聲，烙印在牛馬羊等家畜身上，留下擦不掉的印記，這樣才不會跟別人的家畜混在一塊。到了中世紀，歐洲的手工藝人就用這種烙印的方法，在他們的作品上烙下標記，好讓顧客一眼就可以看出這個東西是誰做的、在哪裡做的。

最後，來到十九世紀，釀酒業者發明了特殊的蒸餾方式，大大提升了酒的品質。為了讓顧客知道，想喝品質這麼好的酒，就必須買他們家的酒，於是他們把酒裝在印有OldSmuggler（直譯是「老走私者」的意思）這個名字的木桶裡。這等於宣告了「OldSmuggler＝好酒」的意思。

從最初的避免混淆，到後來的宣告主權，再到最後的品質保證，「品牌」這個詞歷經了三次演化。

如今，在《牛津大辭典》裡，品牌這個詞是這麼解釋的：「用來證明所有權，以及質與量的標誌。」也就是用來區別擁有者，以及證明品質。

品牌現今的意涵

從以前的農漁牧社會，來到現今的商業社會，「品牌」這個詞不斷的演變，現在已經有了更豐富的意涵。

如今，在商業市場上，我們一般提到「品牌」的時候，大致是指向以下這三個面向：

一、**公司的名稱或商標**。

二、**有別於競爭對手的標示**。

三、**構成公司獨特形象的無形資產**。

「名稱、商標、標示」的意思容易理解，但什麼是「構成公司獨特形象的無形資產」？

這就有點像……人的性格，雖然看不見，但影響力驚人，甚至會改變人的命運。讓我用一個小故事來說明。

你會向誰求救？

如果有一天你走在路上，有人從你背後把你的背包搶走了。這時候，你的周遭有三個陌生人可以求救，一個手拿可口可樂，一個手握蘋果手機，一個拎著LV包包，請問你會向誰求救？

在我做過的有限調查樣本裡，最多人選擇的是……向拿著可口可樂的陌生人求救。

為什麼？因為可口可樂給人親民、樂觀、熱心、樂於助人的印象，所以向他求救成功的機率感覺比較大。但是這個問題的設計，說服力不夠，因為可口可樂、蘋果手機、LV包包，它們分別是飲料、手機、袋子，三者分屬不同的類別，受訪者容易被物品的功能性誤導，例如有人選擇蘋果手機是因為它可以拍照，有助於抓賊。

所以我們再縮小範圍，集中在同一類的物品上，讓周遭的三個陌生人分別穿了Nike球鞋、adidas球鞋，以及New Balance球鞋。

這次，你會向誰求救？

我問過很多人，大部分的人想都沒想，就選擇了 Nike。

為什麼是 Nike？穿 Nike 球鞋的人，給了人們什麼樣的聯想？

原因是 Nike 讓人聯想到它的著名標語「Just do it.」、讓人聯想到籃球巨星麥可・喬丹（Michael Jordan）、讓人聯想到英雄，以及它所衍生的相關印象：熱血、助人……

正是 Nike 給人的英雄形象，讓我們依據那小小的勾勾標誌，就把熱血英雄的形象往一個陌生人的身上套。

穿 Nike 的人就是英雄嗎？當然不是，而是穿 Nike 的人是認同 Nike 品牌價值的人，而 Nike 品牌，長久以來就把自己塑造成「英雄」。

正因此，當人們發生危險時，身邊只有穿著 Nike 球鞋、adidas 球鞋，以及 New Balance 球鞋的人可以求救時，他會幾近本能的找穿 Nike 球鞋的人求救。

英雄，就是 Nike 的獨特形象，這是一種無形的資產，它已經內化進 Nike 的基因裡，並且深深的烙印在消費者的腦海裡。

如果只能用一句話解釋什麼叫「品牌」，我會說是「深深烙印在腦海裡」。

如果只能用一個品牌來解釋「品牌」，很多人腦子裡第一個浮現的極有可能是「蘋果」。但蘋果的賈伯斯會說：「不，是 Nike。」

賈伯斯認為 Nike 是全宇宙最好的行銷案例。

Nike 到底做了什麼事，讓賈伯斯這麼驚豔？讓我們來深入瞭解一下。

Nike 的品牌故事

首先是 Nike 這個詞，它是從哪裡來的？

Nike 的前身叫「藍帶」體育用品公司，創辦人為了開拓亞洲市場，決定改名為「六度空間」，但公司員工不喜歡這個名字，於是創辦人給出最後期限，要員工想出一個更好的名字，否則就以「六度空間」為名。

其中有位員工，因為喜愛古希臘文學，於是提議用希臘傳說中「掌控勝利」的「勝利女神」的名字「Nike」，作為公司的新名字。這個提議獲得了老闆的認可。

如果你對勝利女神 Nike 感到陌生，那我們給你幾個參考座標，好讓你知道它的重要性。

你一定聽過達文西的畫作「蒙娜麗莎的微笑」，以及美神維納斯的雕像，它們並稱「法國羅浮宮三寶」。

咦，少了一寶？

你猜對了，第三寶就是「勝利女神Nike」的雕像。

勝利女神的故事

現在，我們來進一步聊聊「勝利女神」Nike的故事，這故事跟「馬拉松」有關。

西元前四九〇年，波斯入侵希臘，當時波斯橫跨歐亞非三洲，是世界上武力最強大的國家，希臘則是還沒有統一的分裂城邦。

雙方在「馬拉松平原」這個地方交戰（沒錯，馬拉松最初的時候是個地名），但沒想到馬拉松之戰的結果，竟然是希臘城邦獲勝。

為了傳回勝利的好消息，希臘傳令兵從馬拉松跑回雅典，但沒想到講完勝利的消息之後，傳令兵就因為體力不支，力竭而死。

咦，上面的故事裡，沒有勝利女神啊？不用心急，現在她要出現了。

希臘雅典的守護神叫雅典娜，勝利女神叫 Nike，兩者之間的關係有點像媽祖和千里眼、順風耳。雅典娜是媽祖，勝利女神則是千里眼、順風耳。

守護神和勝利女神，這兩個名號一聽，就知道跟戰爭有關。

沒錯。古希臘時期，海戰中勝利的一方，會雕一座勝利女神像作為紀念。希臘人相信戰爭的勝利歸屬於 Nike 女神保佑的一方，她會展開翅膀，飛到勝利者的戰船上方，然後輕輕落在船頭。

希臘城邦在馬拉松戰役獲勝之後，勝利女神 Nike 與雅典娜（雅典城邦守護神）一起受到崇拜，從此出現了很多勝利女神像。

羅浮宮三寶之一，勝利女神 Nike 雕像在一八六三年出土的時候，頭部和雙手都殘缺不見了，然而正因如此，它僅剩的一雙翅膀反倒被強烈突顯出來，看起來無比強勁，非常有力道。

羅浮宮裡的勝利女神 Nike 像高達三公尺二八，它的身形姿態，表現了勝利女神展開翅膀，正要降臨在船頭的剎那。

聯想到了嗎？Nike 女神展翅，準備降臨船頭的勝利姿勢，正是 Nike 品牌標誌的由來。

現在你恍然大悟了嗎？

Nike 的品牌廣告裡，經常出現馬拉松、跑步、飛人等等，這不是巧合，而是真的跟 Nike 的標誌來源大有關聯。

蘋果的行銷導師

賈伯斯的行銷路上，有兩位精神上的導師，一位是畢卡索，全世界最會賣東西的人；一位是 Nike，全宇宙最會賣東西的企業。

賈伯斯常常引用其中一位導師畢卡索的名言：「**好的藝術家懂得『複製』，偉大的藝術家則擅長『竊取』**。」

複製與竊取？乍聽之下，不怎麼光彩，然而一旦理解畢卡索是如何實踐這兩件事，你就完全明白了。

借用與連結

我在《故事課：3分鐘說18萬個故事，打造影響力》中，提過那幅史上最貴的拍賣畫作〈阿爾及爾的女人〉，就是複製了「馬諦斯的素材」，竊取了「德拉克拉瓦的構圖」，最後經由畢卡索的再創造所誕生出來的藝術結晶。

同樣的，賈伯斯也從不認為借用別人的點子是件可恥的事。他甚至為「創新」下了這樣的定義：「借用」與「連結」。

創新＝借用＋連結？

這個說法可信嗎？我們可以輸入三組數據來做個簡單的測試。

到Google網站輸入蘋果創辦人「賈伯斯」和「創新」這兩組詞，得到的結果超過兩百七十萬條。

如果輸入的關鍵字是迪士尼創始人「華特迪士尼」和「創新」兩組詞，則有一百五十萬條。

如果輸入的關鍵字是福特汽車創辦人「亨利福特」和「創新」兩組詞，則有一百萬條。

一般人往往把「創新」跟「無中而有」連結在一起，但最具創新能量的賈伯斯卻用一個又一個創意產品告訴我們：「**不，創新沒那麼難，只要懂得借用和連結**。」而賈伯斯說的「借用」與「連結」，其實就是畢卡索的「複製」與「竊取」。

不管是賈伯斯，還是畢卡索，它們的**前提都是——你得先瞭解別人做了些什麼**。

現在，我們已經知道 Nike 商標的由來，以及它所散播出來的影響力了，緊接著我們來看看，賈伯斯從 Nike 那兒「借用」了什麼？「連結」了什麼？最後「創新」了什麼？

從蘋果聯想到什麼？

Nike 這個名字和商標的由來，因為連結到古希臘的「勝利女神」，因而有了延伸的意涵，例如馬拉松、田徑、飛人、勝利……。因此它非常有利於故事的傳播，以及形象的塑造。

那蘋果呢？它從 Nike 身上學到什麼？

先問一個問題：一提到蘋果，你會聯想到什麼？

伊甸園裡的禁果？還是砸中牛頓的智慧之果？

有個故事是這樣的：一堆水果為了誰比較偉大，而爭論不休。

榴槤說自己最偉大，因為它是果王，山竹也說自己最偉大，因為它是果后。每種水果都有它自己的說法，沒有定論。

這時，蘋果站了起來，正要開口說話時，全部水果統統跪了下來，一致認定蘋果是最偉大的水果。因為蘋果的後面站著亞當和夏娃、牛頓，以及賈伯斯四個人。

伊甸園裡，蛇引誘人類的老祖宗亞當和夏娃吃禁果，從此人類誕生了，也就是說如果沒有蘋果，就沒有人類。

蘋果樹下，牛頓苦思不得其解，突然一顆蘋果掉下來，砸中他的頭，當下茅塞頓開，發現萬有引力。也就是說如果沒有蘋果，就無法進入科學時代。

最後是賈伯斯，他開創了蘋果電腦，從 iPod 到 iPhone，最後是 iPad，一個接著一個改變了人類的生活模式。也就是說如果沒有蘋果，就無法體驗生活的美好。

影響世界最重要的三件事，都跟蘋果有關。

第一顆蘋果是生理欲望，第二顆蘋果是腦袋知識，第三顆蘋果是生活體驗，人的一生都跟蘋果息息相關，脫離不了關係。

如果我是果王榴槤，聽了上面蘋果的來歷之後，肯定立刻讓位給蘋果，因為它實在太厲害了。

給品牌一個故事

但事實上，「蘋果」這品牌真的跟牛頓有關。

一九七六年，「蘋果」的第一代產品 Apple I，上面的標誌是一幅畫，牛頓坐在一棵蘋果樹下讀書。畫的邊框還有一句短詩：「牛頓：一個永遠孤獨的航行在陌生思想海洋的靈魂。」

隔年，才改成我們現在看到的「咬了一口的蘋果」。

再回想一下，蘋果那句著名的標語「Think different」確實跟蘋果樹下苦思的牛頓有關。

從此，蘋果這個名稱和商標，就離不開「思考」與「改變世界」的概念。

咬了一口的蘋果

不只如此，關於「咬了一口的蘋果」這個標誌的起源，也有不少故事在流傳。最著名的莫過於「電腦科學之父」圖靈（Alan Mathison Turing）的故事，他是早期的電腦發明人。

二次世界大戰期間，圖靈成功破解德國納粹的密碼，幫助同盟國贏得二次大戰的勝利。然而，圖靈的同性戀身分卻讓他的人生以悲劇收場。

雖然他是戰爭英雄，卻被英國政府以猥褻罪判處化學閹割。兩年後，圖靈在家中自殺身亡，床頭擺著一顆沒吃完、沾有氰化物溶液的蘋果。

二〇一四年，好萊塢電影《模仿遊戲》，拍的就是圖靈的傳奇人生故事。所以一直有傳言，蘋果的商標「咬了一口的蘋果」，是賈伯斯在向圖靈致敬。

賈伯斯生前接受BBC訪問時，曾談及此事。他說：「這其實不是真的。但，上帝啊，我們希望它是真的。」

在這個「後真相」的時代，故事的力量越來越強大，在我告訴你真相的同時，有更多的人在傳播這個流言，並且深深的信以為真。

你可以百分百「做決定」的事

你是誰？從哪裡來？是像比爾．蓋茲有個富爸爸富媽媽？還是像賈伯斯是個私生子？這一點，你完全做不了決定。

你將成就什麼事業？是像拿破崙一樣，最後慘遭滑鐵盧？還是像賈伯斯一樣，成功改造世界？關於這點，你得努力一輩子，而且運氣的成分很重；你只有百分之四十九的股權，很多，但還不足以「說了算數」。

但**只有一件事，你可以百分之百「做決定」，那就是為你的孩子「命名」**。不要因為得來全不費功夫，就隨便幫你的孩子取個阿貓阿狗的名字。花一點時間想一想，因為名字將會跟著他很久、很久。

同樣的邏輯，**企業品牌的名字和商標，你擁有百分之百的決定權。**

只要一個「對」的選擇，你就可以像Nike一樣，擁有了古希臘的歷史和文化，進而擁有「勝利者」的基因。

只要一個「好」的選擇，你就可以像蘋果一樣，和聖經創世紀的蘋果、開啟科學新知的牛頓蘋果，三者鼎足而立。

取個有故事的名字，設計個有故事的商標，讓研究者有東西可以研究，讓編劇有東西可以聯想，讓好事者有東西可以八卦。

它將讓你一出場，就充滿了魅力，就像美女一樣，出場自帶柔焦，還沒開始說話，群眾的耳語就把她帶到遠方去了。

故事的影響力就是這樣，沒有腳卻能走得比任何東西還要遠。

重點筆記

- 品牌是一個「發光的容器」，背後隱含著巨大的商業價值。
- 品牌現今的意涵，通常指向三個面向：
  1. 公司的名稱或商標。
  2. 有別於競爭對手的標示。
  3. 構成公司獨特形象的無形資產。
- 自己的企業品牌名和商標，你擁有百分之百的決定權。取個有故事的名字，設計個有故事的商標，它將讓你一出場就充滿魅力與影響力，沒有腳卻能走得比任何東西還要遠。

第 8 課

超越宇宙的品牌

品牌就像一個容器，
企業每播出一支廣告，就像在品牌這個容器裡倒入東西，
只要這個東西有價值，就會發亮，
品牌這個容器就會隨著倒進去的東西越來越多，
而持續、穩定的發出光來。

上一堂課，我們談到了「品牌」。蘋果的賈伯斯推崇 Nike 是全宇宙有史以來最佳的行銷案例。

他很認真的從 Nike 那裡偷走了打造品牌的兩把關鍵鑰匙。

第一把鑰匙是：品牌的靈魂。

Nike 這個品牌的名字和商標，是從古希臘勝利女神 Nike 那裡偷來的，它複製了勝利女神 Nike 的翅膀，長成了 Nike 這個品牌的靈魂。

至於蘋果這個名字和商標，則是從科學之父牛頓頭上的蘋果那裡偷來的，它複製了牛頓蘋果的智慧，長成了蘋果這個品牌的靈魂。

接下來，我們來看看品牌的**第二把鑰匙：品牌的價值**。

你選品牌價值還是產品功能？

靈魂和價值這兩把鑰匙的差別在哪裡？

簡單來說，靈魂接近天生的，命名的時候，就定下來了，不會改變。至於價值需要一次又一次的打造、磨亮。它是接近後天的，你每次都以什麼樣的面貌現身，就會型塑出什麼樣的價值。也就是說你把自己打扮、宣傳、廣告成什麼樣子，別人就依這個樣子來看待你。

舉個例子，A明星每次上新聞，都跟花邊新聞有關，今天鬧緋聞，明天搞外遇。至於B明星上新聞時，不是為了弱勢團體募款，就是為了公平正義而發聲，他的出現，大都跟公益活動有關。久而久之，AB這兩位明星的價值就會大不相同。

打造品牌價值的方法

打造價值最直接的方法就是廣告。廣告通常在宣傳兩件事，一是品牌的價值，一是產品的功能。

第六課中，我介紹了Visa和Mastercard的廣告，說明了兩者之間的差別了。Visa告訴觀眾的是，信用卡的功能非常強大，沒有什麼東西是它買不到的。而Mastercard則是告訴觀眾，相較於一個又一個有價的商品，人象之間的友情反倒是無價的。但它實際上偷渡了一個觀念，那就是「無價的友情是可以藉由有價的東西創造出來的」。

Visa 的廣告，宣傳了產品的功能；而 Mastercard 的廣告，則宣傳了品牌的價值。

產品的功能和品牌的價值，哪一個比較重要？

宣傳產品的功能會有瞬間的爆發力，而宣傳品牌的價值則會有長遠的續航力。產品與品牌，功能與價值，你當然可以各取所需，但我們最好聽聽比我們厲害千百倍的人是怎麼看待這兩者的。

蘋果的賈伯斯說：「Nike 的廣告從不講他們的產品，他們從不去講他們的氣墊為什麼比 Reebok 好。Nike 在廣告上做的是什麼？他們去讚頌偉大的運動員們。這說明了 Nike 是誰？這就是 Nike 所代表的價值。」

賈伯斯這段話，跟他的老師畢卡索的理念不謀而合。畢卡索的名言是：「重要的不是一位藝術家在做什麼，而在於他是什麼樣的人。」

賈伯斯從畢卡索身上，真的學得非常、非常、非常透澈。

我們仔細回想一下Nike的廣告，它很少告訴我們產品的功能，重要的是它的價值。就像賈伯斯說的：「我們必須讓蘋果產品重新回到焦點之中，而達到這個目標的方法，不是去討論運算的速度，不是去討論電腦的規格，也不是去討論為什麼蘋果比微軟好。」

賈伯斯和他的兩位老師，畢卡索和Nike，他們的意思都是……**品牌的價值，比產品的功能還要重要**。

以廣告和故事創建價值

一提到Nike，我們會立刻聯想到偉大的運動員們，尤其是NBA的超級巨星麥可．喬丹，他最精華的運動員時光幾乎都與Nike綁在一起。

然而喬丹的英雄光環實在太強大了，強大到不需要說故事，只要他站出來，做一些招牌動作，例如空中漫步、飛人灌籃、空中扭腰拉桿、急停跳投……廣告就成立了。所以，我們換個運動員，來說明Nike是如何利用廣告來打造品牌的價值。

這支 Nike 的廣告內容是這樣的：

廣告一出來，先特寫 Nike 球鞋，穿著 Nike 球鞋的人正在運球，但我們聽到的旁白卻是「重要的，不是這雙鞋」，隨後，我們發現鞋子的主人不是我們熟悉的黑人球星，而是個黃種人。

這時，還看不清面容的黃種人已經坐上公車，搭配的旁白是「而是知道要往何處前進，卻沒忘記自己來自哪裡」。

現在，我們終於看清楚這位黃種人球星是誰了，他是林書豪。

因為這支 Nike 廣告幾乎是貼著林書豪的生命經驗走的，所以觀眾必須知道林書豪努力掙扎向上的奮鬥故事，才會產生說服力。

所以我們先用「靶心人公式」的七個步驟，簡介一下林書豪的故事：

一、**目標**：林書豪的目標是成為NBA球員。

二、**阻礙**：NBA是黑人和白人的天下。林書豪的黃種人身分，再加上哈佛大學的高學歷，簡直是異數中的異數。

三、努力：林書豪在哈佛校隊中打出好成績，雖然沒有得到ＮＢＡ球隊的合約，但已經開始有球隊注意到他了。

四、結果：同一年，林書豪被金州勇士隊選中，正式進入ＮＢＡ，但完全不被重用。他先被勇士隊釋出，隨後又被火箭隊釋出，最後來到紐約尼克隊，但很快又被下放。

五、意外：因為尼克隊的主力球員受傷，林書豪意外被召回ＮＢＡ，而有了完整的上場機會。

六、轉彎：這一上場，林書豪如出柙猛虎，連續多場打出驚人的好成績，意外掀起了「林書豪旋風」，他的人生徹底改變。

七、結局：如今，林書豪已成了全球最受矚目的ＮＢＡ球星之一。

瞭解林書豪的故事之後，現在我們來看看影片背後的旁白敘述：

重要的，不是這雙鞋

而是知道要往何處前進
卻沒忘記自己來自哪裡
而是擁有面對失敗的勇氣
遭受打擊卻依然堅定
發揮所有潛力
成就更出色的自己
重要的，是榮耀來臨前的努力
以及內心深處的信念
無關個人是否相信
重要的，真的不是這雙鞋
而是穿上它之後的你
勇敢做你自己

注意到了沒有，Nike 這支廣告不只沒有提到任何產品的功能，反而還一再反過來強調「重要的，不是這雙鞋」，而且在結尾的時候又強調了一次「重要的，真的不是這雙鞋，而是穿上它之後的你，勇敢做你自己」。

林書豪努力打進NBA的勵志故事和Nike廣告裡的「重要的，真的不是這雙鞋，而是穿上它之後的你」這一段話，完美的結合了，觀眾的情緒因此被有效的觸動了。

只是……觀眾的情緒被林書豪的勵志故事感動了，但是它會連結到Nike這個品牌嗎？

會！**品牌就像一個容器，企業每播出一支廣告，就像在品牌這個容器裡倒入東西，只要這個東西有價值，就會發亮，品牌這個容器就會隨著倒進去的東西越來越多，而持續、穩定的發出光來。**

林書豪的勵志故事，原本只屬於他自己，發著自己的光芒，但隨著這支影片的播出，價值出現轉移，它也成了Nike這個容器發光的一部分。這就是Nike的行銷策略，利用運動員的正面價值，讓自己發出光來。

當消費者走在黑暗的路上，此時的他正好需要一雙球鞋時，他就會自然而然的看見發著光的 Nike。

蘋果與改變世界的天才

Nike 的廣告傳遞了他們最重視的價值，間接說明了 Nike 是誰。而賈伯斯從他口中史上最佳行銷企業 Nike 的廣告上，學到了什麼？

我們來看看蘋果的賈伯斯是怎麼做廣告的。

賈伯斯在他一手創辦的蘋果企業中，有兩次重要的轉折點，分別是一九八四年，推出麥金塔電腦，賈伯斯登上人生的第一次高峰，以及一九九七年，賈伯斯被請回來拯救蘋果，蘋果推出 iMac，賈伯斯登上人生的第二次高峰。

巧妙的是，賈伯斯的兩次高峰正好都伴隨著一支如今已經成為經典的廣告。它們同樣都不強調產品，而是努力突顯蘋果的價值。

蘋果的經典廣告

一九八四年，為了推銷麥金塔電腦，蘋果做了一支廣告，名字就叫「一九八四」。廣告內容是這樣的：

一群面無表情的人，坐在大螢幕前，聽螢幕裡的獨裁者向他們洗腦。他們一個個理著光頭，面無表情，像極了監獄裡的囚犯。突然，一個手拿大鐵槌的女子，衝了出來，她的後面有一群要阻止她的追兵。

從頭到尾黑白的畫面裡，只有女子一個人是彩色的，彷彿只有她一個人是清醒的。

當女子跑到獨裁者面前時，她用力甩出大鐵鎚，狠狠的砸碎了螢幕。隨後，廣告打出這麼一段話：

「一九八四年麥金塔電腦推出之後，人們就會明白為什麼一九八四年之後，就再也看不到一九八四。」

也太多一九八四了吧，聽起來有點饒舌，像個繞口令。但其實這是個雙關語，「一九八四」同時是小說家喬治．歐威爾（George Orwell）的作品，小說的時間設定在一九八四年，內容在諷刺獨裁的政治。

一九八四年，蘋果的廣告向人們宣告：麥金塔電腦的出現，將全面向舊時代告別，一個嶄新的時代就要來臨了。

至於第二支廣告，則是在一九九七年，賈伯斯重回他一手創立的蘋果電腦。為了推銷 iMac，蘋果做了一支廣告叫「不同凡想」（Think Different），這廣告我們在第四課中有詳細介紹。

廣告中連結了十幾位改變世界的天才，但更重要的是，它想藉此告訴世人：蘋果不只是瘋狂到自以為能夠改變世界，而是……真的能改變世界。

從品牌的靈魂，再到品牌的價值，蘋果從 Nike 那裡偷得非常徹底。如果 Nike 是全宇宙有史以來最佳的行銷案例，那麼蘋果很顯然青出於藍勝於藍。它在一支廣告裡，就倒進了十幾個世界上最不同凡響的偉大人物，進入了蘋果這個容器裡，進而使蘋果這個品牌發出持久的萬丈光芒。

會說故事的人很棒，就像許榮哲。

但懂得偷故事的人更棒，賈伯斯只是剪接了幾個偉大人物的畫面，並且在背後配上幾句旁白，就成功接收了他們的價值。

賈伯斯何其幸運，他有這麼好的兩位老師畢卡索和 Nike 可以偷。

事實上，你比賈伯斯更幸運，你多了兩個老師可以偷，一個是蘋果的賈伯斯，一個是——許榮哲。

重點筆記

- 打造品牌力的兩把關鍵鑰匙：
  第一把鑰匙：品牌的靈魂
  第二把鑰匙：品牌的價值
- 廣告通常在宣傳兩件事，一是品牌的價值，一是產品的功能。宣傳產品的功能會有瞬間的爆發力，而宣傳品牌的價值則會有長遠的續航力。你可以依你的需求選擇廣告的目的。

第 9 課

掛羊頭賣狗肉的創意行銷

如何讓你的顧客因為一個漂亮的故事，
而忘了最初念茲在茲的羊頭，
轉而喜孜孜的買了狗肉？
這就是「創意行銷」的力量。

「掛羊頭賣狗肉」，有時候是一件壞事，它代表的是欺騙。

「掛羊頭賣狗肉」，有時候是一件好事，對於那些有種、有料、有才華的人，例如畢卡索、例如許榮哲，它可以讓他們提前發光。

神祕的數字

我的職業是到處巡迴演講，每年三百場左右。

關於演講這件事，有些東西是可以事先準備的，例如演講的內容，但有些東西則無法預先準備，例如你不知道今天來聽你演講的人是誰，以及你必須採取什麼樣的應對策略。

比方說，上個月我接了一場混亂至極的演講，底下的觀眾對我的演講內容完全沒興趣，他們全是被逼來的，因此我講得再好，他們也不感興趣，所以我必須採取有效的應對措施。

於是演講開始之前，我發給每個人一張空白名片（我會隨身攜帶空白名片，以備不時之需），然後請大家在名片上寫下自己的名字和一個二位數字。

隨後，我收回大家寫的名片，並從中抽出兩張，例如抽中比爾．蓋茲74、賈伯斯55。然後，我告訴大家，待會兒上課的過程中，我會用各種方法，可能是肢體、可能是眼神，也可能是投影片上的一個關鍵字，把這兩張名片上的數字密碼，交叉傳給對方，也就是說我會傳給比爾．蓋茲55、傳給賈伯斯74。如果比爾．蓋茲、賈伯斯成功接收到我傳給他們的數字，或者其他人成功攔截到我傳出去的這兩個數字，則可以獲得一份神祕的禮物。

以上這個活動的目的是要幹什麼？答案是「掛羊頭賣狗肉」，我要讓大家的兩隻眼睛從頭到尾都認真的盯著我看。

掛牛頭賣馬肉的故事

關於「掛羊頭賣狗肉」這個成語，是用來表示「表面做一套，背後做的卻是另外一套」，也就是名不符實。這成語最早出現於春秋時期，原本叫「掛牛頭賣馬肉」，後來才漸漸演變成如今的「掛羊頭賣狗肉」。

最初的故事是這樣的：

春秋的時候，齊國的君王齊靈公有一個奇怪的癖好，他喜歡看女人穿男人的衣服，打扮成男人。因此，他下令所有宮人都穿上男裝，扮成男人的樣子供他觀賞。一時之間，女扮男裝的風氣在宮中盛行了起來，甚至流行到民間，百姓也漸漸開始流行起女扮男裝。

齊靈公知道民間盛行之後大為光火，他認為這個舉動破壞了社會的善良風俗。於是下令：「日後遇到女扮男裝之人，不管是誰，一律剝光衣服，當眾遊街，並對其丈夫施以連坐法，一併處罰。」結果呢，不但沒有成功阻止這個怪現象，反倒越演越烈，一發不可收拾。

齊靈公感到頭痛極了，不知如何是好，最後，他只好向齊國最聰明的腦袋晏子求救。

晏子是誰呢？他是個政治家、思想家、外交家。最重要的是，他是擅於比喻的高手。有個著名的故事是他出使到楚國，楚人欺負他身材矮小，於是故意開小門讓他走。晏子也不生氣，只簡單回對方一句：「到狗國才走狗門吧，請問楚國是狗國嗎？」

一個精妙的譬喻，晏子不費吹灰之力，就把對方打趴在地上。

晏子聽了齊靈公的苦惱之後，便指著一家賣肉的店鋪，對齊靈公說：「大王，您看，那家店鋪明明掛的是牛頭，但實際上賣的卻是馬肉。就像大王您自己喜歡看宮人穿男裝，卻禁止其他人這麼做，這不就和這家肉店一樣嘛。表面是一個樣子，實際上做的卻是另一套。」

於是晏子建議：「如果想要有效禁止這種仿效行為，就應該從根本做起，也就是禁止宮人女扮男裝。」

齊靈公聽了覺得很有道理，於是從善如流，立即照辦。過不久，齊國女扮男裝的風氣就漸漸消失了。

最初的「掛羊頭賣狗肉」指的顯然不是一件好事，給人一種「名不符實」的欺騙感，但如果顧客喜歡的東西是羊，而你的產品就只有狗，那該怎麼辦？難道雙手高舉，豎白旗認輸嗎？如果你不懂得變通，那恐怕就永遠做不了喜歡羊的顧客的生意了。

有沒有可能我們從另外一個角度來看待這件事？也就是利用「掛羊頭賣狗

肉」的方法，把一件原本可能是「說謊欺騙」的商業行為，巧妙的轉換成「創意行銷」？

該怎麼做，才能把狗成功的賣給喜歡羊的客人，並且讓對方開開心心的，不覺得受騙呢？

徵婚啟事

底下我們舉個利用「掛羊頭賣狗肉」來創意行銷的故事。

某天，報紙上出現了一則「徵婚啟事」，上面寫著：「本人年輕有為，身強體壯，無不良嗜好，財產數千萬，豪宅十幾棟，誠心誠意徵求像毛姆小說筆下的女主角一樣的女孩，希望能在以結婚為前提的條件之下交往。」

意思就是……有錢人想找個結婚對象，而這個結婚對象要像毛姆小說筆下的女主角一樣。

這一則徵婚的廣告引起了大家的好奇，女人想知道年輕富翁喜歡什麼樣的女孩，想知道自己有沒有機會；至於男人出於嫉妒或八卦，也想知道什麼樣的女孩吸引富翁。於是呢，大家一窩蜂的去找毛姆的小說來看，而當時的毛姆還是個沒沒無聞的小作家。哇哇哇，原來富翁喜歡的女孩是這副模樣啊，嗯，長相、穿著、打扮、嗜好、性格都還不錯，這個富翁果然有品味，懂得從書裡面尋找結婚的目標。

結果呢？年輕富翁有沒有找到心目中適合交往、結婚的女孩？

答案是：沒有，反倒是原本沒沒無聞的毛姆，他的小說因此大賣，從此成了暢銷作家。

你猜到了嗎？這其實是一則「掛羊頭賣狗肉」的廣告。

當年毛姆的小說出版，銷售不佳，出版社怎麼用力推銷都沒有用。最後，毛姆突發奇想，花光了所有積蓄，在報紙上買了一版廣告。然而奇妙的是，廣告的內容不是在說書有多好看，你一定要買，而是剛才我提到的那一則「徵婚啟事」——富翁想找個像毛姆小說筆下女主角的女孩結婚。

也就是說，它表面上是「徵婚啟事」，然而實際上是「推銷書的廣告」。

我不知道你從這則「徵婚啟事」看到了什麼？

正經八百的人看到的是「詐騙」，腦子靈活的人看到的是「創意」，然而每天在網路世界裡打轉的人就會察覺，這根本是網路時代的買賣思維嘛。

在這個時代，買賣雙方的思維都變得不一樣了。

以前是「羊毛出在羊身上」，商家製作產品，客戶買產品，最後商家賺到錢。「因為吧啦吧啦，所以嘩啦嘩啦」，非常合邏輯。**但這個網路時代，買賣雙方的思維全改了，現在是「掛羊頭，賣狗肉」的時代**。

什麼意思？就是網站提供大量的免費用品，把用戶釣上勾，讓他們養成固定上網瀏覽的習慣。

既然免費，要如何賺錢？事情當然沒那麼簡單，當用戶上癮之後，如果想要更好、更快速、更精美的東西，就必須付費。

回到毛姆的「徵婚啟事」，它正是典型的「掛羊頭賣狗肉」。事實上，他一點都沒想要徵婚的意思，它真正想做的事，純粹是讓人們因為好奇心，而去買毛姆的小說來看。

因為我想賣書，但是直接推銷沒有用，所以轉個彎，假裝是富人的徵婚啟事，其實就是一種「創意行銷」。

利用創意行銷，毛姆讓自己的小說銷量翻了個大盤，當場羊狗變色。

這件事重不重要？當然重要，毛姆從此展開了寫作的旅程，而且這一寫就寫了七十年。

如果當年毛姆沒做這個創意行銷，他很可能因為銷量不好，從此不再寫小說。這麼一來，作家毛姆這個名字將永遠不會留下來了。

最有創意的故事

我們先來聊一聊「創意」是什麼？

我個人最喜歡的答案是「**把兩個不相干的東西連結起來的能力**」。

例如：你把可樂和漢堡連起來，沒創意。但你把可樂和鬼連起來，那就有創意了。

所以創意需要邏輯？

這句話只對了一半，因為沒邏輯是創意的殺手，但有邏輯是創意的兇手。意思就是沒邏輯不行，太有邏輯也不行。

那該怎麼辦？答案是「**沒邏輯的有邏輯**」，例如接下來的故事。

沒邏輯的有邏輯

天才兒童班的老師，覺得班上學生太囂張了，自以為是天才，所以上課都沒在聽，於是決定出個超難的問題，挫挫大家的銳氣。

「今天我要出一題超難的數學，肯定沒有人會。」

「屁啦，放馬過來。」

天才學生最喜歡挑戰老師。

「聽仔細囉。」老師說：「高鐵時速一千公里，蝸牛時速是高鐵的千分之一，請問……老師我今年幾歲？」

學生當場愣住。「老師，你有沒有講錯，這怎麼算啊？速度跟年紀有什麼關係？」

老師又喝茶，又蹺腳，得意洋洋的說：「不是很厲害嘛，再囂張啊！」

沒想到老師才喝了一口茶，就有同學舉手。「老師，我算出來了。」

「怎麼可能？說，我幾歲？」

「四十六歲。」

「天啊！你怎麼算的？」

這個學生真的答對了。

小學生推推眼鏡說：「因為我姐姐二十三歲。」

「這跟你姐姐幾歲有什麼關係？」

「當然有關係，因為我姐姐是個瘋子。」

「越扯越遠，我跟你的瘋子姐姐有什麼關係？」

「當然有關係啊，因為你比我姐姐瘋兩倍，二十三乘以二，所以你是四十六歲。」

等等，這是個笑話吧！不，這是個創意。表面上，答案出乎意料，所以讓人笑了出來；然而實際上，學生用老師的邏輯來回答老師的問題。

老師的問題沒有邏輯：速度跟年紀無關。

學生的答案也沒有邏輯：瘋狂跟年紀無關。

也就是用你的矛，來攻你的盾。如果我有問題，那也是你的問題，這才是真正的邏輯所在。

笨蛋嚴肅以對，把這個問題看成數學問題。正常人一笑置之，把這個問題看成一則笑話。但是聰明的你啊，趕快把它學起來，它是好用的創意啊。

把有趣的笑話，用最嚴肅的態度包裝起來，這就是它的創意，星爺周星馳都是這樣做的。

例如電影《齊天大聖東遊記》：「誰說我鬥雞眼？我只是把視線集中在一點，以改變我以往對事物的看法。」

例如《賭俠》：「吃泡麵有很多樂趣，只不過是你不懂得技巧罷了，『吹含吸舔摳』。」

例如《少林足球》：「你快點回火星吧！地球是很危險滴。」

不能說的祕密

「創意」可以用在很多地方，有時候只能用一次，有時候可以用很多次。

跟大家分享一個我每學期都會用到的創意故事。最初的時候，它是一則真實的社會新聞。

先問一個問題：如果你的另一半是個誠實可靠的人，萬一有一天，他突然對你說了一些不可思議的話，你會怎麼想？

他是瘋了嗎？還是背後有什麼不能說的祕密？

接下來跟大家分享這一則「突然不可思議起來的故事」。

突然不可思議起來的故事

每天準時上下班、規律得不得了的老公，今天突然不正常了，都已經晚上十二點，他還沒回家。

直到將近凌晨一點，老公才打電話回家。

老婆問：「老公你怎麼了？這麼晚了還沒回家？」

老公說：「喔，是這樣的，今天我在路上遇到外婆，外婆又老又病，我想拿五十萬出來幫她。」

老婆說：「外婆？」

如果你是老婆，對於老公今天的脫序行為，你有什麼感想？

我問過很多人，大部分的人都認為老公外遇了。但事實是什麼？我們繼續看下去。

老公：「對，外婆，你還記得吧。」

老婆：「記得，記得，當然記得。」

老公：「我們拿五十萬出來幫助外婆，好嗎？」

老婆：「好、好、好，當然沒問題，外婆有困難，我們當然要幫忙。」

老公：「太好了，那你要記下來喔，你手邊有筆嗎？」

老婆：「有。」

老公：「地址，我要講地址囉，我這邊的地址是……距離我們家五百公尺左右的公園的池塘，第三棵柳樹下。」（一連重複了三次地址。）

老婆：「沒問題，我記下來了。在那裡等我喔，不要走，我立刻就到。」

老公掛上電話後，立刻轉頭問後面的人：「我這樣說，還可以吧？」

後面的人用刀子抵著老公的腰。「你老婆不錯唷，叫她拿錢來，居然二話不說就答應了。太棒了，但五十萬不夠，我還需要五十萬。你不是還有個哥哥嗎？來，打電話給他。」

老公沒辦法，只好撥電話給哥哥：「哥，我今天在路上遇到外公，外公又老又病，我想拿五十萬出來幫他，你可以幫這個忙嗎？」

哥哥大怒：「神經病，你是看到鬼嗎？外公都死三十幾年了。還有，你今天不是才賣了一棟一千多萬的房子嗎？你想要拿錢給死人花，不會用你自己的錢嗎？」

說完，哥哥立刻掛了老公的電話。

這下子，歹徒全都懂了。歹徒大怒：「什麼？你外公死三十幾年了，那你外婆應該也死很久了吧。那你剛才打電話給你老婆……是在通風報信囉？」

「王八蛋，竟敢耍我。」歹徒氣得高高舉起刀子，正準備要刺下去的時候，突然有人從後面抓住歹徒的手。

是誰抓住歹徒的手？有人說是外公，不會吧，這又不是鬼故事。

警察！沒錯，是警察。

誰報的警？老婆，沒錯，就是老婆。但為什麼老婆知道老公遇到麻煩了？原因是他們兩人曾做過一個練習，「如果我是個誠實可靠的人，但某一天，我突然不正常了，開始說一些不可思議、難以置信的話，那麼……請立刻來救我。」

正因為有了這個練習，所以平時誠實可靠的老公，突然做出一堆不合理的事：半夜了還沒回家，一開口就要五十萬，特別重複了三次地址，而最可疑的是，老公的外婆已經死十幾二十年了。以上種種跡象都顯示：老公一定是遇到危險了。

所以老婆根據老公提供的地址，立刻報警。

實際運用這則故事

認真說來，上面的故事稱不上是一個創意故事，但只要用對地方，創意就冒出來了。底下跟大家分享一下我是如何運用這則故事。

我在台灣科技大學教一門叫「電影與文學」的通識課。每次學期末常常發生一種狀況，就是總會有幾個學生因為沒交期末報告而被當，這時有人跳出來喊冤：「唉呀，怎麼會這樣呢？我明明有交期末報告的啊，啊啊啊問題一定是出在助教的電子信箱漏信了。」

唉，這是一件無法證明真偽的事。

後來我學乖了，每學期的第一堂課，我都會刻意「掛羊頭賣狗肉」，假裝一不小心從別的電影轉到這個「不合理就是意有所指」的社會新聞來，並且趁機跟學生做一個約定：「如果你是誠實可靠的，萬一有一天你突然說了一些我難以置信的話，那麼我會立刻來救你。」

什麼意思？意思是……如果學生的作業和出席狀況都非常良好，那麼當他告訴我作業有交，是電子信箱漏信時，我會選擇相信他。

相反的，如果學生的作業和出席狀況都非常差，那麼我就會判定是你沒交作業，而不是電子信箱漏信。

成效如何？結果非常驚人，連我自己都嚇了一大跳，做完這樣的約定後，已經有好幾個學期都不曾有學生漏信了。

讓你的顧客因為一個漂亮的故事，而忘了最初念茲在茲的羊頭，轉而喜孜孜的買了狗肉，這就是「創意行銷」的力量。

當你把「掛羊頭賣狗肉」當成負面的詞，它就會跟你保持距離，冷冷的看著你，但如果你把它當成正向的武器，它就會抬頭挺胸，認真的為你賣命。

重點筆記

- 現在這個網路時代，買賣雙方的思維全改了，現在是「掛羊頭賣狗肉」的時代，也就是需要「創意行銷」的時代。
- 創意，簡單來說就是把兩個不相干的東西連結起來的能力。
- 沒邏輯是創意的殺手，但有邏輯卻是創意的兇手。這意思就是，沒邏輯不行，太有邏輯也不行。那該怎麼辦？答案是「沒邏輯的有邏輯」。
- 讓你的顧客因為一個漂亮的故事，而忘了最初念茲在茲的羊頭，轉而喜孜孜的買了狗肉，這就是「創意行銷」的力量。

第 10 課

創意行銷：微電影

人們天生喜歡看故事，
用好看的故事把沒人想看的廣告包裝起來，
就像包裹著糖衣的苦藥一樣，
觀眾以為自己看到的是一個又一個好看的故事，
其實他們看到的是一則又一則向你行銷的廣告。
好故事會自己生出腳，天南地北的自己宣傳起來，
像無所不在、無孔不入的病毒。

史上最掛羊頭賣狗肉的行業是什麼？以前可能是特種行業，也就是不能說清楚的「性」產業，但此刻當下，非「微電影」莫屬，為什麼？

什麼是微電影？說穿了就是廣告。

以前，廣告是寄生蟲，寄生在肥美的寄主身上，例如寄生在受歡迎的電視劇上。當觀眾看完電視劇之後，順便看一下一旁的廣告。然而，因為網路時代的到來，改變了人們的閱聽習慣，電視收視率大幅衰退，寄主一個個瘦得跟排骨精一樣，很難再從中吸收到什麼營養。

既然原來的「寄主」不行了，那就得去找新的寄主。找來找去，最後，廣告找到的寄主是「自己」，也就是把自己養得白白胖胖的，變成肥美又營養的「寄主」。

如何把自己變成寄主？解套的方法就是故事。

利用人們天生喜歡看故事的特性，用好看的故事把沒人想看的廣告包裝起來，就像包裹著糖衣的苦藥一樣，觀眾以為自己看到的是一個又一個好看的故事，其實他們看到的是一則又一則向你行銷的廣告。

所謂的微電影，好聽一點的說法就是「故事＋廣告」，而我自己最喜歡的說法是——微電影就是能自主傳播的病毒。

史上第一支微電影

二〇一〇年十二月，中國各大媒體鋪天蓋地出現了一則廣告，內容大意是由中國電影公司出品、凱迪拉克製作、港星吳彥祖主演的首部微電影《一觸即發》，即將於十二月二十七日首映。

演員卡司除了知名演員吳彥祖之外，還有一個叫「凱迪拉克 SLS 賽威」，是個沒人聽過、不知道是人還是車的傢伙。有意思的是，它居然排在吳彥祖之前。直到當天晚上八點半，從頭到尾搞神祕的《一觸即發》在中央電視台首映，這才揭開它的神祕面紗。

觀眾這時才發現，所謂微電影不過就是一支帶有劇情的廣告。從此，人們認識了「微電影」這個詞，它的本質是廣告，但為了吸引人們來看，於是透過好看的故事偷偷把廣告藏起來，然後神不知鬼不覺的滲透進觀眾的腦袋裡。

從靶心人公式看《一觸及發》

《一觸即發》的故事非常簡單，十分適合套入我們前面提到過的靶心人公式。我們把《一觸即發》拆解成七個步驟如下：

一、**目標：**男主角吳彥祖帶著一個皮箱，準備去完成一項交易。

二、**阻礙：**歹徒覬覦交易內容，於是動員一大群人去搶皮箱。

三、**努力：**吳彥祖乘著降落傘，從高樓一躍而下，跳進了凱迪拉克車子裡，試圖奮力甩開歹徒。

四、**結果：**吳彥祖和歹徒展開追逐戰。先是一群如迅猛龍的機車騎士，在後頭窮追猛打，甩掉它們之後，緊接著上場的是暴龍直升機，誇張的是直升機還朝吳彥祖開的車子發射飛彈，差一點就命中車子。幸好凱迪拉克的性能實在太好了，再加上有全球定位系統、全音控領航，還可以隨時檢查車況，因此最後人車平安的成功甩掉歹徒。

五、**意外：**駕駛凱迪拉克的男主角吳彥祖，突然無預警的撕掉臉上的人皮面具，居然是個特務女孩。原來開車的人從頭到尾不過是個誘餌，目的是把敵人引開。

六、轉彎：特務女孩成功甩掉歹徒之後，對著電話那頭說：「可以進行交易。」這時，遠方一名外國人接到訊息後，突然也無預警的撕掉臉上的人皮面具，原來他才是真正的男主角。

七、結局：最後，男主角成功完成交易。

伴隨著成功完成交易，背後的旁白這樣唸道：「凱迪拉克 SLS 賽威 2.0T SIDI，震撼上市。」

這時，男女主角一起帥氣現身。

當男主角說完：「現在就換你出發。」神氣的把手上的車鑰匙朝觀眾一丟，隨後旁白唸道：「傲然科技，一觸即發。」

最後，打出產品商標「凱迪拉克」。

這部微電影《一觸即發》的製作費據說花了一億人民幣以上，以編劇費大約佔影片製作費的百分之二到五來計算，如果你是這部微電影的編劇，那麼這個不用三分鐘就能說完的故事，將為你賺進兩百萬人民幣。現在你知道會說故事的人，他的價值和能量有多麼驚人了吧。

從廣告到微電影

不過說實在的，《一觸即發》這個故事，完全稱不上是「創意故事」，只能說它稱職的把凱迪拉克的功能和性能有效的介紹出來。這支微電影的重要性，不在於故事，而是……它出現的時間點——它是史上第一支微電影。如果要談微電影，絕對無法避開它，它立下了一道重要的里程碑。

所以苛求它的故事不夠好，沒什麼道理，因為它是故意的。它的目標不是把故事說好，而是要把故事說得「像」。它的目標是模擬好萊塢〇〇七情報片的動作場面，利用觀眾熟悉的戲劇模式，讓你相信這就是電影、電影、電影，而不是廣告。

但它又確確實實是一支廣告。它在靶心人公式的第三個步驟「努力」階段，大量置入「凱迪拉克 SLS 賽威 2.0T SIDI」的功能與性能。

從男主角吳彥祖大喊一聲「Action！」，然後跳進凱迪拉克之後開始，啟動了一連串的廣告：車輛定位已開啟、搜尋最近的隧道、開啟全音控領航、請檢查車況、一切正常。片長八十秒，廣告佔了百分之五十三。

故事加上廣告，這兩個元素完美的結合起來，它就是微電影。

微電影的核心是廣告，但是沒有人會主動去看廣告，於是廣告商利用人們喜歡看故事的天性，夾帶廣告一起有效的傳播出去，進而也成功的打響商品的知名度。

誠實村和謊言村

《一觸即發》這支廣告其實不算創意微電影，下一支微電影《誠實村和謊言村》才是。

這支微電影是日本人拍攝的，但從演員到故事內容，以及它散發出來的情境，全部都是歐洲式的。如果我不告訴你它在廣告什麼，我敢打賭，你猜一百次也猜不出來。

影片一開始開宗明義說：「這是一個發生在誠實村和謊言村之間的故事。」隨後影片簡介了什麼是誠實村，什麼是謊言村。

誠實村的村民說的都是老實話。當村民對一位女士說：「你真漂亮。」這絕不是恭維話，而是這位女士真的漂亮。

至於謊言村的村民則老是說反話。如果村民去買蘋果，老闆拿了一顆漂亮的蘋果給顧客時，他會說：「這是爛的。」當顧客咬了一口覺得美味極了，他會說：「真難吃。」謊言村的人老是說反話。

故事的背景說完了，讓我們開始吧！

男主角名叫盧奎爾，他是住在誠實村的男孩，他的心中有個不能說的祕密：他愛上了謊言村的女孩瑞維納。

誠實與謊言是兩種完全不同的價值觀，因此兩村的人衝突不斷，簡直就是世仇。也就是說，當誠實男孩愛上謊言女孩，差不多就等同於莎士比亞筆下的「羅密歐愛上茱麗葉」，仇敵之間的戀愛不只不被祝福，還會被當作叛徒，被拆散，甚至詛咒。

不，誠實男孩和謊言女孩的愛情更麻煩，他們還常常雞同鴨講。

當誠實男孩對謊言女孩說「我愛你」時，謊言女孩的回答卻是：「我討厭你。」

故事一開始，誠實男孩向謊言女孩求婚：「你願意嫁給我嗎？」

謊言女孩回答是：「不，我不願意。」

意思就是誠實男孩和謊言女孩決定要結婚了，他們即將舉辦一個只有兩個人的婚禮，但他們需要一個證婚人。誠實男孩的哥哥正好是一名牧師，他決定回到誠實村幫弟弟證婚。

影片中的敘事者是誠實男孩的哥哥，也就是即將趕回誠實村為弟弟證婚的那位牧師……

從靶心人公式看《誠實村和謊言村》

讓我們一樣利用靶心人公式，跟大家分享《誠實村和謊言村》這個故事。

一、**目標：**誠實男孩愛上謊言女孩，男孩求婚成功，他們決定要結婚了。

二、**阻礙**：誠實村和謊言村是世仇，男孩和女孩的愛情不被祝福，甚至遭受阻撓。

三、**努力**：誠實男孩不顧一切就是要和謊言女孩結婚，於是他們決定舉辦一個只有兩個人的婚禮，並請一位證婚人幫他們證婚。證婚人就是誠實男孩的哥哥，他正好是個牧師。

四、結果：牧師哥哥接到弟弟的飛鴿傳書之後，立刻快馬加鞭趕回誠實村，準備幫他們證婚。

五、意外：牧師哥哥來到誠實村和謊言村的交界，正想問一個坐在叉路中間的老人時，突然冒出了一個疑問：「等等，這個老人究竟是誠實村民，還是謊言村的人？」

這時，故事突然跳了出來，插入第一張字卡：「問題：如何只問一次，就知道誠實村的路？」

最緊張的選擇時刻，再插入第二張字卡：「邏輯思考能力。」

六、轉彎：然後，牧師哥哥的嘴角一笑，指向其中一條路，問老人：「這條路是通往你的村子嗎？」

插入第三張字卡，上面寫著：「不管老人是誠實村，還是謊言村，如果那一條路是誠實村的路，他都會回答『是』（如果是誠實村的路，誠實老人會說「是」，而謊言村老人因為說謊，也會回答「是」）。如果那邊是謊言村的話，他都會回答『不是』。」

插入第四張字卡，上面寫著：「大學考試日益激烈，你需要更強的能力。」這時，又是一張字卡，原來這是「國高中綜合課程」的廣告。

七、結局：當牧師哥哥終於抵達誠實村為弟弟證婚。在一片完美的情境底下，牧師哥哥問弟弟：「你願意發誓永遠愛這位女士嗎？」

誠實弟弟理所當然的回答：「我願意。」

很好，沒問題，緊接著牧師哥哥轉頭問謊言女孩：「你願意發誓永遠愛這位男士嗎？」

謊言女孩露出最甜美的笑容，正要回答時，畫面提早全黑，什麼都看不見，只留下一個讓觀眾困惑的聲音，女孩說的是：「是的，我願意。」

我願意？等等，女孩是謊言村的人，所以她說「願意」的時候，代表的是「不願意」嗎？

這麼一想，困惑突然變得微微驚悚了起來。

然而影片已經完全結束，觀眾沒看到女孩回答「願意」時的表情，所以無法從女孩的表情去推估她的心意。

所以，觀眾會怎麼做？再點來看一遍，不懂，再點來看一遍，還是不懂，然後把影片傳給朋友，急著請朋友看完，一起討論。

就這樣一傳十，十傳百，這支微電影用困惑，完成了它的病毒式擴散。

我個人非常喜歡這支影片，尤其是它聰明的說故事方式。

用邏輯的故事來賣邏輯的商品，並且進一步證實了它所賣的商品，「國高中綜合課程」，確實如自己所言，邏輯真的很好。

《誠實村與謊言村》這支微電影，利用有趣的故事撐開了討論空間，進一步營造出話題性。

從此，商品長出腳來，不，是長出翅膀來，它利用故事來病毒傳播，人們心甘情願的中故事的毒，就這樣，商品從日本出發，傳播到全世界。

因為故事，廣告沒有國界。

我們結婚吧！

上一支微電影《誠實村與謊言村》，主題跟「求婚」有關。接著我們挑一支在主題上幾乎一模一樣，同樣也是「求婚」的微電影。

巧妙的是兩支微電影都跟「左右兩難」的選擇有關，但兩者廣告的商品內容，卻是天差地別。

我們先來看故事。

法庭的長廊上有一對男女，從穿著打扮來看，男的明顯是個法官，女的則是一名幹練的律師。

忙碌的開庭審理期間，幹練的女律師大步往前走，相對樸實許多的男法官在女律師後面苦苦追趕。

男法官一邊走，一邊問：「左邊？右邊？」

幹練的女律師說：「我趕時間。」

男法官聽了，一個箭步，攔住女律師。

「選一邊。」男法官伸出雙手，雙手各握了一樣東西。

幹練的女律師非常俐落，一點也不拖泥帶水，幾乎想都沒想，劈頭就直接說：「左邊。」男法官緩緩打開左手，裡面是一顆結婚戒指。

女律師瞪大眼睛，露出驚訝的表情。

男法官說：「我們結婚吧。」

男法官的求婚行動，讓女律師驚喜的蹲了下來，隨後男法官伸出另一隻手，把女律師拉了起來。

此時，觀眾和女律師都發現了，在男法官的另一隻手裡，也握著一顆結婚戒指。

兩隻手握的都是戒指，原來男法官設了一個甜蜜的圈套，不管女律師怎麼選，都會選中結婚戒指。

但女律師顯然也不是省油的燈，她之所以蹲下去，不純粹是因為感動，同樣也是個圈套，她伸出手到男法官的另一隻手前面，逼得男法官必須伸出手，把女律師拉起來。如此一來，男法官的另一隻手就露餡了。

當女律師發現男法官兩手都是戒指時，她說：「所以……兩個都是我的。」男法官說：「可是你剛才選了左邊了。」

第一回合，他們是法庭上的對手：法官、律師在法庭上，你來我往，不留情面的攻防戰。

第二回合，他們是男女朋友：在這個求婚行動上，男女各展心機，結果旗鼓相當。

然而男女的心機纏鬥還沒結束，還有第三回合，現在又回到法官、律師的角色身分上。

幹練女律師說：「你知道我可以告你賄賂嗎？」

貌似樸實、實則不然的男法官說：「那你知道……我可以告你貪汙嗎？」

融合法庭的尖銳對話，與男女的浪漫求婚，一來一往，影片說了一個精彩的故事。

影片結束後，補上一張插卡作為故事的結論：「對思考周密的告白，最無力抵抗——天秤座。」最後補上一句話：「我們結婚吧！伊莎貝爾。」

現在，你知道「伊莎貝爾」賣的是什麼了嗎？因為影片裡沒有出現商品的內容，但不會太難猜，因為這個商品確實跟結婚有關，答案是喜餅。

「伊莎貝爾」是著名的喜餅品牌，它的標語正是「我們結婚吧！」。然而，如果沒有時時擦拭，品牌的知名度也會隨著時間慢慢褪去光芒，「伊莎貝爾」正是如此。

隨著「對十二星座女的求婚攻略」這一系列共十二支微電影的爆紅，從此「伊莎貝爾，我們結婚吧！」成了一句口頭禪。不管有沒有要結婚，只要不小心提到「結婚」這兩字，我們很容易脫口而出：「伊莎貝爾，我們結婚吧！」

等到新人們真的想結婚，並且準備買喜餅時，「伊莎貝爾」這個喜餅品牌就會在第一瞬間跳了出來。

《法官與律師》是「伊莎貝爾」十二星座求婚篇裡，我個人最喜歡的一支。微電影的文案上，寫的是向天秤座女孩求婚的攻略。雖然我對星座沒什麼研究，而且也不是天秤座的，但那一點都不重要。重要的是，每個人都可以在這一系列的星座微電影裡，找到屬於自己的星座，它給了我們十分強大的歸屬感。就算你不喜歡自己星座的那一支微電影，也可以跟我一樣，從中找到自己最喜歡的一支微電影。

同樣的邏輯又來了，這系列的微電影之所以爆紅，跟它的趣味性及可以多方面延展開來的話題性有關。這樣的微電影最容易被觀眾熱烈、廣泛的討論。

不信，我隨便挑幾則這部微電影底下的留言給你看：

「難怪司法這麼亂，原來法官跟律師是男女朋友。」

「我是天秤座，我贊成思考要縝密，可是我覺得這個廣告不夠縝密，你拿兩個戒指，難道另一個要去包小老婆嗎？」

「天秤座以律師為主題，真是太合適了」

「一個賄賂、一個貪汙，剛好兩個一起去坐牢？」

「沒錯，結婚就是一起去坐牢的意思。」

再說幾遍都值得，好故事就會自己生出腳來，天南地北的自己宣傳了起來，像無所不在、無孔不入的病毒。

重點筆記

- 微電影，可以說是故事加上廣告，這兩個元素完美結合起來。它就像是能自主傳播的病毒。
- 微電影的核心是廣告，於是廣告商利用人們喜歡看故事的天性，夾帶廣告，有效的傳播出去，進而成功打響商品的知名度。

第 11 課

心理行銷：反差法

妥善運用反差法，可以操控人心。
什麼是「操控人心」？
就是讓人「不思考」，
只說「是，好，沒問題，我統統照辦」的能力。
如果能把「反差」練到極致，
就代表學會了「操控人心」的絕招。

先讓我們從一個「虛擬實境」的故事開始。

請想像一個情境。

你酒後開車，不小心發生車禍，隨後被抓到警察局。當你酒意退了，稍微清醒的時候，發現自己被關在一個密閉的審問室裡，張開眼就看到一個兇狠的警察，朝著你破口大罵：「王八蛋，喝了酒還開車，簡直就是人渣、社會敗類，今天如果我不把你整死，我就是狗狼養的王八烏龜。」

從虛擬情境感受反差

這時的你，醉意才剛剛消退，而且完全搞不清楚車禍到底造成多麼嚴重的傷害，所以一時之間也不知道怎麼辯解，只能低著頭任由對方辱罵。

除了辱罵之外，這個兇惡警察還砸東西，摔椅子，而且足足持續了半個多小時。

等到兇惡警察罵到累了、沒詞了、停下來喝口茶時，一個溫柔的警察走了進來，他拍拍兇惡警察的肩膀，好說歹說才把他勸離開審問室。

離開前，兇惡警察還不忘撂下一句狠話：「不管誰來講都一樣，總之你這次死定了！」

這時的你，內心的焦躁不安來到最高點。

溫柔警察倒了杯水給你，然後開口對你說的第一句話是：「恭喜你。」

「恭喜我？」

這個落差也太大了，你困惑極了。

「幸好，我的太太還活得好好的。」溫柔警察說。

「什麼意思？」現在的你更困惑了。

隨後，溫柔的警察告訴你，剛才那位兇惡的警察之所以這麼兇，是因為他太太就是被酒後駕車的人撞死的，所以他恨死像你這樣的人了……

所以，剛才那個警察說的都是真的，他真的會努力把你整死。用文明一點的說法就是，他會用盡各種方法，把你送進大牢裡，並且讓法官判你最重的刑責，讓你永遠被關在牢裡，出不來。

「不過，這還不是最慘的。」

「最慘的是什麼？」你問。

「最慘的是……你會跟強姦犯關在一塊兒，然後一起度過無限多個漫漫的長夜。」

你倒吸了一口冷氣，然後試圖振作起來：「不要騙我，我會被關多久，跟誰關在一起，又不是警察可以決定的。」

「嗯，很好，你講到重點了！」溫柔警察說：「我差點忘記告訴你，剛才那個警察之所以這麼有自信可以弄死你，是因為……審理這個案件的法官是剛才那個警察的……岳父。」

「岳父？」

「沒錯，岳父。也就是說，這位法官的女兒就是被你這種酒後駕車的人撞死的。」

「天啊，我怎麼這麼倒楣？」

「其實你並沒有特別倒楣，在你之前已經有四個酒後駕車的人被判處重刑了，等他們出獄時，不只頭髮白了，最慘的是……連心靈也扭曲了。」

「那我該怎麼辦？拜託、拜託，求求你，求求你，救救我。」

這時的你，跟溺水即將滅頂的人沒有兩樣。

溫柔警察喝了一口茶，慢條斯理的說：「不過你非常幸運，遇到了我，因為……我的太太還活得好好的。」

「謝謝……謝謝你，不不不，謝謝你老婆，不不不，是謝謝你。」現在的你已經語無倫次了。

溫柔警察說：「鎮定一點。其實很簡單，你只要牢牢記住我的話，就能夠得救。」

「快，快告訴我，不管你說什麼，我都一定照做。」

這時的你，跟溺水的人抓到浮板一樣，死都不會放。不管溫柔警察說什麼，你都會無比認真的點頭說：「是，好，沒問題，我統統照辦。」

操控人心

前幾課談的大都跟「說服他人」有關，這堂課我們進一步來看看如何「操控人心」。

什麼是「操控人心」？

讓我們先下一個簡單的定義：所謂「操控人心」就是讓人「不思考」，只說「是，好，沒問題，我統統照辦」的能力。

就像一開始我講的那個「酒後駕車」故事一樣，你在不知不覺中，心甘情願的被溫柔警察牽著鼻子走。

為什麼你會對他說的話言聽計從呢？

原因是溫柔警察對你使用了一個叫「反差」的人心操控術。

什麼是反差？它泛指人或事物的正反兩面，對比之下顯現出來的差異。

當兇惡警察把你折磨到半死，隨後溫柔警察再適時的出現，此時心神混亂的你，簡直就像看到救人菩薩一樣，一顆心全都給了對方，只差沒有跪下來磕頭而已。

說到這裡，你警覺到了嗎？前面那位兇惡警察的經歷，什麼老婆被酒駕撞死，什麼法官是他岳父，什麼要把你跟強姦犯關在一起，全部都是假的，是編造出來，跟溫柔警察放在一塊兒，一反一正產生對比，是利用「反差」來操控你的人心的騙人手法。

高潮是低潮的鄰居

我的職業是編劇，因此對於「反差」這個戲劇常用的說故事手法特別熟悉。除此之外，我還有一個非常深刻的體驗。

年輕時，我跟著一位老編劇學寫劇本。某次，我寫了一部得意之作，請老編劇給個意見，他連看都沒看，就問我：「高潮在哪裡？」

當時，我自信滿滿的說：「到處都是高潮。」

老編劇笑了笑，回我：「笨蛋，到處都是高潮，代表沒有高潮。」

當時我不懂老編劇的話，我唯一懂的是：你沒看也就算了，居然還罵我是笨蛋。還有，如果我的劇本寫壞了，你罵我是笨蛋，我也就認了，但你居然罵在我的天才之作上。

所以我受不了，火氣爆發，反嗆回去：「你才是笨蛋。」

沒想到老編劇聽了，不只沒有生氣，反倒笑了出來。「有趣！有趣！」

我完全聽不出來哪裡有趣。

隨後，老編劇在我的劇本上面寫下一句話，讓我一輩子難忘。老編劇寫的是：「高潮在低潮的旁邊。」

當時的我不懂，現在我懂了。我真的是個笨蛋，**高潮最好放在低潮的旁邊，一低一高，兩相對比之下，造成反差，高潮才會更顯得高潮**。

就像一百分在零分旁邊，頂多就是一百分，但八十分在負五十分的旁邊，就是不得了的一百三十分。

就像莫名其妙、諸事不順的一天，全世界都與你為敵的時候，心情盪到谷底的時候，同事們突然推出生日蛋糕，真心的合唱起生日快樂歌，這樣一低一高的戲劇化情境，最容易讓人感動落淚。

沒錯，**「反差」能夠簡單而有效的撩撥觀眾情緒**，所以經常出現在戲劇節目裡。不管電影、電視，還是小說，高潮的地方，有非常驚人的比例，是利用「反差」創造出來的。

逃不出的反差陷阱

利用一正一反造成的「反差」，來操控人心，這個概念非常簡單，簡單到容易讓人覺得沒什麼了不起。

錯，最厲害的東西就像水龍頭，簡單便利到讓你完全不會注意到它，好像它本來就長在那裡，但認真研究起來，它的背後可是無數的心血結晶啊。

把最難的東西，用最簡單的方法來呈現，這是一門功夫。

香港導演王家衛拍攝電影《一代宗師》時，訪問了很多武學宗師。王家衛問了他們同一個問題：「什麼是絕招？」沒想到大部分的武學宗師都回答了類似的答案：**「所謂絕招，就是把簡單的東西練到極致。」**

所以，如果你能夠把「反差」練到極致，那就代表你學會了「操控人心」的絕招。

現在，我們大致理解「反差」是怎麼一回事了，但是我們用腦袋「理解」出來的，那它的影響力就不夠大。

如果我們的腦袋很清楚，而且也事先提醒自己，但最後還是被「反差」騙了，甚至連最不容易受騙的眼睛和身體都被騙了，這代表了什麼？代表「反差」是人類無法用理智來控制，它是一種人類的本能，沒有人能逃得了它的影響範圍。

現在，我們就來一一證明，除了「想太多」的腦袋會被「反差」欺騙之外，完全不想的眼睛和身體也會被「反差」欺騙。

眼睛被「反差」矇騙

眼睛先登場，看它能不能逃得過「反差」的操控。

喜劇之王周星馳有部電影叫《唐伯虎點秋香》。電影裡有個橋段，朋友告訴唐伯虎，大美人秋香現身了，人就在大街上。喜愛美女的唐伯虎急忙跑上街，看到秋香之後，大失所望的說，這樣也叫國色天香，還好吧。

唐伯虎的朋友說，你直接看秋香，當然看不出個所以然，你要先看看秋香周圍的人，再回頭來看秋香。秋香周圍的人不是缺牙，就是歪嘴的醜陋之人。

唐伯虎照朋友的話來看秋香，也就是看完秋香周圍的拐瓜劣棗之後，再回頭看看秋香。

這時，唐伯虎驚為天人，整個人往後一連退了三大步，他大聲讚嘆：「秋香果然名不虛傳，真的是國色天香啊！」

周星馳誇張的演技，給人們一種搞笑的錯覺，但它其實是一個鐵的事實，一如人們常說的：「當兵兩三年，母豬賽貂嬋。」

身體感覺受「反差」操控

現在換身體上場，看它能不能不受「反差」的操控。

冷的時候，身體就感覺到冷。熱的時候，身體就感覺到熱。

看來身體非常誠實，不容易欺騙，但如果我們換個方法呢？

左手和右手同時放進一盆冷水和熱水中，五分鐘過後，同時抽出雙手，再一起放進溫水裡。這時，原先放在冷水盆裡的手，會覺得溫水是燙的；原先放在熱水盆裡的手，會覺得溫水是涼的。

「反差」在腦袋和目光的雙重監督之下，還是欺騙了你的身體。

看來不只人類的腦袋、情緒，我們控制不了，連親眼所見也不能為憑，身體反應也非常不可靠。

意思就是說，不管你再怎麼提高警覺，還是會被「反差」的心理影響力牽著鼻子走。

一正一反的懸崖式反差

在戲劇節目上看到「反差」，這一點很容易理解，因為**戲劇如果可以濃縮再濃縮，濃縮到最後只剩下兩個字，那兩個字就是「衝突」。簡單來講「戲劇就是衝突」，而「反差」非常有利於深化衝突。**

至於綜藝節目就比較少看到「反差」，因為衝突不是它的重點，然而正因為用得少，「反差」一旦出現時，力量反而更強大。

舉個例子。有個日本綜藝節目《爆笑！明石家秋刀魚的御長壽》請老人對年輕時的自己講一些話，這其實不太合理。因為對未來的自己喊話，可以作為人生的夢想，或日後努力的目標，這一點非常可以理解。

但……對以前的自己講話，已經完全沒有任何改變的可能了，為什麼還要這麼做呢？我們來看一看其中一個案例。

老人的雙重反差

說話的老人是七十六歲的秀夫，他的背景，觀眾並不熟悉。

老人對過往的自己說了兩段話。第一段是說給十八歲即將考大學的自己。有點拘謹的老人說：「喂，秀夫，我是七十六歲的你，你會報考著名的東京都立和早稻田大學，我希望你好好學習，所以先告訴你結果。」

聽到老人要偷偷告訴十八歲的自己考試的最後結果，眾人哄堂大笑。因為最後結果如果是考上了，那就沒什麼好努力的。如果考不上，也不用努力了，因為這已經是不能改變的事實了。

老人認真的說：「秀夫啊，你一考再考，一讀再讀，還是失敗了，最後去了差了一檔次的中央大，加油喔。」

老人說得越認真，眾人笑得越誇張。

這一段說完，在觀眾的心中，老人已經「喜劇化」了，觀眾期待老人繼續出糗，說出另一段更好笑的往事來。

第二段是老人說給二十四歲、一直猶豫著要不要求婚的自己。

老人說：「喂，秀夫，我是七十六歲的你。二十四歲的你好啊，現在的你，會在公司認識一個女孩，她的名字叫『小華醬』，往後的日子裡，你會和這個臉超小、超可愛的女生交往。不過，你一向沒有女生緣，所以一直懷疑自己是否能配得上小華醬，於是一直猶豫著要不要求婚。」

觀眾眼前的老人，此刻確實像極了他口中那個二十四歲、不太有自信、不敢求婚、笨拙的自己。

最後，老人向著猶豫不決的自己喊話：「秀夫啊，心中有愛，就要馬上行動啊。」

這時，老人的荒謬風格已經建立起來了，它驅使觀眾朝喜劇的慣性思考：「好笑的轉折就要來了，就要來了。好笑的喔。」

老人停頓了一會兒，然後說：「因為……兩年後，小華醬就會因病去世。」

眾人一陣驚呼，隨後背景傳來悲傷的配樂。

這時，觀眾的情緒大翻轉，開始出現了正反對比。

老人說：「秀夫啊，日後的你會無比後悔，極度的悲傷，一輩子都忘不掉小華醬。所以直到現在都已經七十六歲了，依然單身，沒有結婚，孤伶伶的一個人。」

觀眾聽了，又是一陣驚呼，觀眾此時的情緒正反差對比，來到最強烈的時間點。

此刻，所有觀眾的眼眶都紅了，他們微微感到自責，剛才不應該這樣嘲笑老人。

最後，七十六歲的單身老人深深吸了一口氣，說了結語：「所以秀夫啊，請你替我轉告我最最親愛的小華醬，我整個人生當中，唯一最愛的女人就是她，我最親愛的小華醬。」

老人無比認真的對二十四歲的自己說：「我最喜歡的，就只有小華醬。秀夫，你一定要幫我告訴她喔。」

最後，老人遲疑了一下，像是不放心年輕時一直猶豫不決的自己，他突然間高舉雙手，自顧自的、真情流露的告白：「小華醬，我愛你。」

這時，剛才嘲笑得越厲害的觀眾，哭得越慘烈。

你當然可以用「神轉折」一句話簡單帶過這個只有短短一分多鐘的綜藝橋段，但它其實就是「反差」的力量，而且是「雙重反差」。

第一重反差是從喜劇情境，瞬間切換到悲劇情境。第二重反差則是從對年輕的自己那無用的喊話，到結尾瞬間一轉，變成是對自己最心愛的女孩遲來的求婚告白。

溫水煮青蛙的反差火力

「反差」的效果非常強大，十分具有衝突性，因此常用於戲劇，例如電影、小說的高潮轉折處。然而，它的優點，正是它的缺點。

火力太強大的東西，常常伴隨著驚人的後座力。意思就是，運用在戲劇上，「反差」的效果非常好；但如果運用在現實人生，風險太大，容易造成反效果。因為對手一旦起疑，拉起警戒線，對你的一言一行放大檢視，那麼你所有的努力都白費了。

因此，**我們必須調整一下「反差」的火力開關，不要想一次搞定，而是要讓人在不知不覺中受到影響，是一種「溫水煮青蛙」的概念。**

如何「溫水煮青蛙」？

如何讓對手不知不覺中被我們操控？

舉個歷史上最著名的例子——《三國演義》裡的「諸葛亮七擒七縱孟獲」。

諸葛亮帶領五十萬大軍要平定西南地區的蠻夷，他用了三十六計裡的「以退為進」，而且是七次的以退為進。

諸葛亮抓了蠻王孟獲之後，立刻放了他，抓了又放、抓了又放，這樣一連七次之後，看似沒有效率，浪費時間，但卻產生了最有力的效果。

當孟獲第七次被抓，然後第七次被放時，他流著眼淚說：「七擒七縱，自古以來從未有過。我雖然是個蠻人，也還不到完全沒羞恥心。我對你們丞相服氣了，我孟獲在這裡發誓，我們永遠不再反叛！」

三次的階梯式反差

如果說一正一反的懸崖式「反差」太激烈了，「七擒七縱」的階梯式反差，又太耗時費力。到底幾次比較好？

我個人認為**「三次」的階梯式反差，最符合經濟效益**。

底下舉個我遇到的真實案例。

餅乾案

某次逛街的時候，有個十五、六歲的少年走向我。

他說：「叔叔，我從小在孤兒院長大，現在孤兒院要重建了，你可以買一張愛心券幫助我們嗎？一張只要五百元。」

我一向對街頭人來人往的愛心捐款沒什麼信任感，所以沒怎麼搭理他，我搖搖頭，繼續逛我的街。

少年不死心，繼續纏著我。他說：「不買沒關係。這裡有我自己做的餅乾，一小包只要一百元。你也可以一邊吃餅乾，一邊幫助我們。」

自食其力，這才像話。我有點軟化了，但我不想表現出來，所以我還是沒搭理他，繼續逛我的街。

少年還是沒有死心，繼續纏著我。他說：「那請問你有發票嗎？它可以讓我的弟弟妹妹兌獎，如果中獎了，他們會一連高興好幾個月，以為那是他們的功勞。」

發票？我口袋裡倒是有幾張。這次，我沒有拒絕了，因為少年接二連三的退讓，讓我有一種強烈的感覺：這次再拒絕他，我就是無情的畜生了。

於是我把全身上下的發票全掏出來給他。

少年帶著滿足的笑容對我說：「謝謝叔叔，我代替弟弟妹妹向你道謝。」說完，少年還對著我深深一鞠躬。

少年的話讓我有一種我做了大善事的感覺，但他的鞠躬則讓我有一種「我是個無血無淚的無情鬼」的錯覺。

就在少年拿了發票，轉身就要離開時，我忍不住叫住他：「等等，嗯，好啦，我買一包餅乾，一百元是吧！」

最後，我一邊吃著餅乾，一邊看著少年在不遠處繼續推銷他的產品。一模一樣的流程，先是推銷五百元的愛心券，然後是一百元的餅乾，最後是不用錢的發票。

這時，我突然冒出了一個問題：我剛才到底是做了善事，還是做了傻事？仔細看了看餅乾的外包裝，上頭有一個沒有撕乾淨的標籤，再加上餅乾比想像中的好吃，不像是少年自己做的。所以我懷疑這包餅乾很可能是買來的，一包大約二十元。

不管是真的還是假的，純粹從商業的角度來看，少年賣出一包餅乾，成本大約二十元，但他獲利是一百元，外加五張發票。

高於市價五倍的行情，哇，少年賺翻了。他是怎麼辦到的？

表面上，少年的產品是一張五百元的愛心券，但這個不容易賣，所以退而求其次，賣一包一百元的餅乾。但如果沒有前面一張五百元的愛心券來「反差」，他直接賣一包一百元的餅乾會怎樣？大家肯定會覺得貴死了。但現在拿它來做反差的是一張五百元、又不能吃的愛心券，頓時這一百元的餅乾感覺變得便宜許多。

同樣的道理，反差之下，不用錢的發票比起一包一百元的餅乾，實在便宜太多了。也就是說，少年的銷售手法是先推銷大的，不行，再推銷中的，萬一還是不行，最後再推銷小的。

哇，這個手法也太嚴密了，恐怕連一隻蚊子都逃不掉。

為了證明我的想法，我興起了一個念頭：幫少年統計一下他的生意如何。那個下午，我幫少年做好了統計。扣除掉那些匆匆忙忙沒有聽完少年的話就走掉的人，他總共推銷了二十個人。

直接捐錢的，只有一個。

買餅乾的，有十一個。

捐發票的，有十五個。

一加十一再加上十五，等於二十七。

二十七個？咦？不是只有二十個人嗎？

不，有人像我一樣，捐了發票之後，啟動了複雜的心理機制，因而回頭買餅乾。

你察覺到了嗎？

一個下午，少年總共賺了一千六百元，而且二十次都成功了，天啊，他是天才。

一個禮拜後，我又到同一個地方逛街，猜猜看，我遇到了誰？

少年？不對，是少年和另一名少女，少年正在教少女怎麼推銷東西。這代表他們有一套完整而有效的賣東西流程。他們是來自同一所孤兒院？還是同一個詐騙集團？

不管少年、少女的背景是什麼，他們的方法確實有效的影響了我。

少年是怎麼辦到的，方法很難嗎？不，簡單到難以置信，他成功運用了「反差」所造成的影響力，有效操控了人們的心理。

就像跳雙人探戈一樣，前進一大步之後，後退一小步，再後退一小步，一次又一次的後退，在讓人完全不起疑的狀態下，有效鬆懈了人們的戒心，讓你產生一種「賺到了」的錯覺。

少年為我們示範了「反差」的使用方法，以及它所造成的心理影響力，更重要的是，他採取的是適用於現實人生的溫和版，或者說，他其實用了三次的「以退為進」。

「水門案」的階梯式反差

運用「反差」的手法完成「以退為進」的策略，結果你已經看到了，非常有效。不，有效還不夠，現在要讓你讚歎到下巴掉下來，這才厲害。

底下的例子包你大吃一驚。這是一個全世界都知道、卻又不知道的驚人例子——美國的「水門案」。

大部分的人所知道的「水門案」是這樣的：

一九七二年，美國總統大選白熱化，為了求勝，尋求連任的總統尼克森（Richard Milhous Nixon），偷偷在對手民主黨總部所在的水門大廈安裝竊聽器，沒錯，就是用來偷聽對手的竊聽器。

東窗事發後，尼克森總統否認知情，並且順利連任。隨後卻被媒體揭發，尼克森總統與這個案子有關，並遭國會彈劾。最後，尼克森總統公開坦承自己知情，並宣布辭去總統職務。

簡單一句話講完，這案子就是「因為涉及非法監聽，美國總統尼克森最後引咎辭職」。

以上，是你到處都可以搜尋得到的「水門案」。現在，我們來聊一聊一般人不知道的「水門案」。

高度標榜自由、人權與法治的美國，非法監聽是一件大事，如果是現任總統監聽政敵，更是大事中的大事，一旦被發現，後果不堪設想。這個風險大到連笨蛋都知道。

做了這項「非法監聽」決議的人難道不知道嗎？難道他們是笨蛋嗎？

不，我說過了，這個風險大到連笨蛋都知道。所以就算他們是笨蛋，也應該知道這件事不能做，但為什麼他們還是做了？更何況他們不只不是笨蛋，而且還一個個都是身經百戰的聰明人啊！

不過，前面我就說過了，知道是一回事，但「反差」的影響力實在太強大了，大到難以用腦袋的自制力來抵擋，一不小心還是會落入它的影響力陷阱。

事情的經過是這樣的。

提出「監聽政敵」這個蠢計畫的人叫李迪（G. Gordon Liddy），人們對他的評價是瘋瘋癲癲，情緒和判斷力都大有問題。至於他提出來的計畫，一如他這個人一樣，有潛在的毀滅性危險。

但人們為何會通過這樣一個愚蠢的案子？原因是，李迪提出來的前兩個案子「更愚蠢」，以至於這個案子看起來比較「正常」。

李迪第一次提出來的計畫是：花一百萬美元安裝竊聽器，再加上一架跟蹤飛機、一支負責綁架和搶劫的行動小隊，以及一艘載有應召女郎、目的是用來勒索政敵的遊艇。

哇哇哇哇哇哇哇哇哇，一連九個哇，這個計畫太瘋狂了，參與會議的每個人都搖頭。毫無異議，李迪的計畫遭到所有人的否決。

一個星期後，李迪第二次提出計畫。這次，他削減了部分的荒謬提案，並且把成本降到五十萬美元，不過還是哇哇哇，一連三個哇，有一點瘋狂，因此這項計畫依舊遭到眾人的否決。

最後，李迪第三次提出計畫。這次，連一聲哇都沒有了。各位，第三次出現了，看起來「越來越好」的第三次出現了。

這次，李迪提出的版本，就是我們日後看到的版本，其實就是精簡再精簡之後的版本，它的本質還是蠢得不得了，但為什麼最後通過了？

問題就出在它看起來「越來越好」。因為參與三次會議的人是同一批人，他們被三次提出來的案子之間的「反差」所產生的心理機制操控了。

他們的心理受了影響，卻完全沒有自覺。

第三次會議，唯一投下反對票的成員說：「我認為沒有必要冒這個險。」為什麼只有一個人避開了影響？原因很簡單，這個人是唯一沒有參與前兩次會議的人，因此反差對他產生不了影響。

現在你知道反差的影響力有多驚人了吧！尤其是那種會讓人深陷其中，完全沒察覺到危險性的「階梯式反差」。

聰明的你啊，不知道你有沒察覺到水門案，根本就是「餅乾案」的翻版，只是規模變大，風險也跟著放大了。

自以為聰明的我，被運用反差手法、以退為進的少年騙了；尼克森總統和他的幕僚，也被運用反差手法、以退為進的李迪搞死了。

但兩者的結果，天差地別。我浪費了一百元，但得到了一個好案例；而尼克森總統不只丟掉了大位，還永遠在歷史上留下臭名。

如果我和尼克森總統換個位置，會比較好嗎？不會，尼克森會和我一樣浪費一百元，而我會他一樣失去總統大位。這就是反差的影響力，我們的腦袋明明都很清楚，但卻誰都逃不掉。

重點筆記

- 利用一正一反造成的「反差」，可以操控人心。如果能把「反差」練到極致，那就代表學會了「操控人心」的絕招。
- 必須調整一下「反差」的火力開關，不要想一次搞定，而是要讓人在不知不覺中受到影響，一種「溫水煮青蛙」的概念。
- 一正一反的懸崖式「反差」有可能太激烈，「七擒七縱」的階梯式反差有可能太耗時費力。基本上，「三次」的階梯式反差，最符合經濟效益。

第 12 課

心理行銷：封閉式提問

封閉式提問，可以讓孩子穿上外套，免於受寒。

可以讓一個正常人自以為通靈，被你耍得團團轉。

可以讓一個君王重新振作起來，免於滅國。

封閉式提問，是不是比金角銀角大王的紅葫蘆還要厲害？

如果有人問你問題，你會得到什麼？

答案是「回答」。

問問題，然後得到回答，這不是廢話嗎？

乍聽之下，確實像句廢話，但如果你的問題問得好，那就不是廢話了。

問問題的哲學家

舉個例子。有個哲學家來到一處工地，看到三個工人在大太陽底下揮汗工作，表面上三個工人做的事情一模一樣，他們都在「砌磚」。

哲學家走向第一個工人，問他：「你在做什麼？」

第一個工人說：「你瞎了嗎？我在砌磚、砌磚、砌磚，也就是排列磚頭，大太陽底下工作已經夠累了，還要回答你的蠢問題，我怎麼那麼倒楣啊？」

哲學家點點頭，然後走向第二個工人，問他：「你在做什麼？」

第二個工人說：「我正在建一面長二十公尺、高四十公尺的高牆，預計在一個月之內完成。目前進度有點落後，我不能再跟你聊天了，不好意思。」

哲學家點點頭，然後走向第三個工人，問他：「你在做什麼？」

第三個工人說：「哇，你這個問題問得太好了，我正在蓋一座全歐洲最偉大的教堂。以後我一定要帶我的兒子來看這座教堂，這可是他爸爸蓋的呢。」

哲學家的同一個問題，卻得到三種完全不同的答案，讓我們一次看穿三個截然不同的人。

第一個工人，我們在他身上，看到了「工作」。

第二個工人，我們在他身上，看到了「目標」。

第三個工人：我們在他身上，看到了「夢想」。

如果你要挑工人，你應該挑第二個，他會努力幫你完成你的目標。

如果你要挑老公，你應該挑第三個，他會帶著你一起追尋夢想。

至於第一個工人，他很快就會換工作了。

現在我們再問一個問題：為什麼故事裡，問問題的人常常是哲學家？

你可以想當然耳的說，因為哲學家每天都想東想西的，所以由他們來問問題，引發思索最合理。

這完全沒有錯，但我個人更喜歡的說法是——這種一問一答的對話方式，是「蘇格拉底」發明的。

誰是蘇格拉底？

他出生於西元前四百多年的希臘，是古希臘三大哲學家之首，先教出了哲學家柏拉圖，柏拉圖又教出了哲學家亞理斯多德。他的地位相當於東方的至聖先師孔子。

蘇格拉底式對話

蘇格拉底常用一連串的提問來進行他的哲學思辨，這種提問法就叫「蘇格拉底式對話」。

作為那個時代最有智慧的人，蘇格拉底在對話的過程中，絕對不會給予他人對或錯的評論，而是讓他人在對話的過程中，自己找到心中的答案。

蘇格拉底有句名言：「我唯一知道的一件事，就是我一無所知。」

正因為蘇格拉底「自認為一無所知」，所以他才會一直問下去，而不給予對或錯的評論。

舉個「蘇格拉底式對話」的例子。

蘇格拉底問第一個人：「什麼是正義？」

第一個人說：「正義就是欠錢還錢，欠人情還人情，對別人沒有虧欠。」

嗯，是有那麼點道理。但蘇格拉底不說對，也不說錯，他接著往下問：「如果有個朋友借了你一把刀，現在他要討回他的刀，並且拿這把刀去殺人，你會把刀還給對方嗎？欠刀還刀，這是正義嗎？」

蘇格拉底又問第二個人：「什麼是正義？」

第二個人說：「正義就是對朋友好，對敵人壞。」

嗯，是有那麼一點道理。但蘇格拉底同樣不說對，也不說錯，他接著繼續往下問：「如果你的朋友是壞人，那麼對壞人好是正義嗎？相反的，如果你的敵人是好人，那麼對好人壞是正義嗎？」

蘇格拉底繼續問第三個人：「什麼是正義？」

第三個人是當時一位著名的智者，同時也是一位修辭家，口齒伶俐。修辭家說：「正義就是『強者的利益』。你看，偷小東西的人叫小偷；竊取一個國家的人，叫皇帝，他的命令就是一切。所以，真正的強者決定了什麼是正義，什麼不是正義。」

嗯，是有那麼一點道理。但蘇格拉底同樣不說對，也不說錯，他接著繼續往下問：「萬一你所謂的強者，做了對人民不好的事，這樣也能算是正義嗎？」

修辭家被蘇格拉底問得面紅耳赤，一時答不出話來，只好反問：「我說的強者，是真正的強者，他才不會犯錯。既然你這麼有意見，不如你來說說，什麼是正義？」

蘇格拉底說：「我也不知道什麼是正義？我唯一知道的事，就是我知道『我不知道』。正因為我知道自己的無知，所以才會一直去找答案，一再的追問，希望瞭解更多的事情。」

把答案藏在提問裡

一般而言，提問分成兩種，一種是開放式提問，一種是封閉式提問。

蘇格拉底式對話大多屬於開放式提問，例如「什麼是正義？」，答案是主觀的，因人而異，沒有固定的答案。

開放式提問的優點是有很多種可能性，比較具有啟發性；缺點是難度比較高，對方可能回答不出來。

至於封閉式提問，正好跟開放式提問完全相反。

舉兩個例子。

例如：你今年幾歲？答案只有一個。

又例如：今天中午，你要吃葷食？還是素食？二選一，非A即B。

顯而易見的，封閉式提問的優點是簡單易答，缺點是沒有啟發性。兩相比較之下，蘇格拉底式的開放提問好像比較好，但問題是……我們不是蘇格拉底，也不是哲學家，雖然他的對話方式，很棒、超棒、棒得不得了，但……如果我們不想理解對方，也對探索真理沒興趣，我們只是很單純的想控制別人，不，是影響別人，那該怎麼問比較好？

關鍵就在封閉式的提問，然後「把答案偷偷藏在提問裡」。

封閉式提問

什麼是「把答案偷偷藏在提問裡」的封閉式提問？

舉個生活化的簡單例子。

我有三個孩子，每個都很有主見，這是好事，也是壞事，因為你很難指揮他們。要叫他們照你的意見做事，比登天還難，所以我每天都在跟他們鬥智。

例如，今天天氣冷，你希望孩子們穿暖一點出門，所以你說：「天氣這麼冷，去披一件外套，再出門，否則會感冒。」

基本上，命令句對某些孩子不只沒用，反倒還會因此激發他們的叛逆心，故意跟你唱反調。

「我才不怕冷，怕冷是懦夫的行為。」

雖然你聽了不太開心，但千萬別動氣，因為我們都是這樣走過來的。

這時，如果你只要巧妙的把命令句換成「封閉式提問」，效果就不一樣了。「唉，這個天氣最適合穿你那件帥氣的外套了，不對，今天是元宵節，穿那件喜氣洋洋的外套好像比較合適？唉呀，又不是我要穿的，你自己選吧。」

現在，藉由封閉式提問，你把問題丟給孩子，原本該苦惱的人是你，但現在苦惱的人換了。

你的孩子會說：「嗯，讓我想一想……帥氣不錯，喜氣一點更好，但是今天去的地方好像女孩子比較多耶，嗯，我想還是帥氣一點比較好。就穿那件帥氣的外套吧！」

注意到了沒有？當你巧妙的運用封閉式提問，並且「把答案偷偷藏在提問裡」時，孩子就不知不覺落入你的陷阱，不管他最後選擇哪一件外套，你都達成了你的目標。

但有沒有一種可能，孩子在你的封閉式提問之下，挑了帥氣一點的外套之後，最後卻反悔了？當然有可能，但……機率不高。

為什麼？人類有一種奇妙的心理機制，那就是一旦做出選擇，就會被自己的選擇牢牢捆綁住。

我習慣稱這種心理機制叫「紅葫蘆機制」。

紅葫蘆機制

這個名稱是從《西遊記》的「孫悟空三戲金銀角大王」來的。

話說，唐僧師徒旅程中有次遇到兩個妖怪，叫金角、銀角。他們法術中等，不過擁有一樣非常厲害的寶貝：紅葫蘆。只要打開瓶口朝地，大叫對方的名字，對方一應聲，就會被吸進去。這時，只要貼上一張「太上老君急急如律令」的封條，不用一時三刻，對方就會化成一灘血水。

孫行者（也就是孫悟空）從山神口中得知紅葫蘆的厲害，於是故意把自己的姓名顛倒過來，假扮成孫行者的弟弟「者行孫」向妖怪叫陣，他心想世上根本沒有者行孫這號人物，所以就算他應了聲也不會怎樣。沒想到他一應聲，立刻「咻——」的一聲被吸進葫蘆裡。原來，不管是真名還是假名，只要應了聲，就會被吸進葫蘆。

今天這堂課所運用的「操控法」，非常像紅葫蘆，只要引誘他人說出自己的名字，對方就會立刻變成一灘血水。

這麼厲害？就是這麼厲害。

為什麼會這樣？我們以「賽馬，下賭注」為例。

試著想像一個場景：你來到賽馬場，現場共有十四匹馬，一開始，每匹馬對你而言都一樣沒差別。此時在你心中，每匹馬獲勝的機率都一樣。

當你左看右看，最後選定其中一匹馬下注後，這時你的心瞬間出現戲劇性的變化：你對下注那一匹賽馬的獲勝信心，大大的增加了。

這不難理解，一旦人們做出選擇，內心就會出現微妙的變化：此時你所有的焦點都會集中在這匹馬身上，其他馬全部自動隱形起來，完全被你忽略。

以上可不是想當然耳的推論，而是由兩位加拿大的心理學家實際研究出來的成果。

用一句簡單的話來說，那就是人們一旦下了注，或者選擇說了出口，或者公開做了承諾，就會自動切換成「自欺欺人」的模式，即使知道自己錯了，也不好意思反悔，只能硬著頭皮吞下來。

讀心術

「把答案偷偷藏在提問裡」的封閉式提問，目的是為了讓回答者做出選擇，一旦選擇說出口，就成功了一半以上。

可能有人會質疑，孩子好騙，成人可就沒那麼簡單了。

如果你覺得剛才的對手太弱了，還只是個孩子，容易受騙，那我們現在換個成年人。

有一年，由我擔任導師的編劇班來了一位學生，他的職業是魔術師。他的工作是每天在街頭表演魔術，靠別人的打賞過活。

整整一個學期，我們上完編劇課，一同走路去搭地鐵，在那短短的十分鐘路程裡，他每次都教我一到兩個魔術。十八堂編劇課結束後，他學會說故事，而我變成了可以唬人的魔術師。

現在我就來示範一套跟「封閉式提問」有關的魔術，這套魔術的名字叫「讀心術」。

首先，我在一張空白紙上隨便寫下一張撲克牌的花色和數字，假設是「紅心7」，然後摺好，放進自己的口袋裡。

這時，全世界只有我一個人知道它是「紅心7」。

然後，我從眾多觀眾裡面，隨便挑一位上台。

我認真看著這位觀眾的眼睛，然後故作神祕的對他說：「你知道嗎？你是現場觀眾裡面，唯一具有通靈體質的人。」

「真的嗎？我有通靈體質？我從來不知道耶。」被你叫上來的觀眾雖然不太相信，但他看起來喜孜孜的，他很希望你說的是真的。

「現在我就來證明你確實擁有通靈體質。來，你來猜一猜我剛才寫下來放進口袋裡的牌是什麼？」

「嗯，啊，我不知道耶。」

「別急，一個一個來，先從花色開始。撲克牌一共有四種花色，你來挑其中兩種花色。」

（注意到沒有，我現在提供給這位觀眾的就是封閉式提問，而且答案就在提問中。）

觀眾很認真的、自以為通靈的說：「嗯，黑桃和紅心。」（四選二，他猜中了，所以繼續下去。）

我對這位觀眾說：「非常好，現在從黑桃和紅心，挑其中一種花色。」

（又是封閉式提問，而且答案也在提問中。）

「黑桃。」（喔喔，這次他猜錯了，所以換個「說法」。）

我說：「非常好，現在把黑桃『去掉』之後，就剩下紅心了。」

（注意，我說的是「去掉」。）

「意思就是……你猜花色是紅心，現在換猜數字了。」

各位，察覺到了嗎？四選二，當觀眾挑中時就繼續下去。萬一猜錯了，就換一種說法，把猜錯的「去掉」，只要交叉使用這兩種方法，每個觀眾都會猜「紅心7」。

當觀眾打開我口袋裡的紙張時，沒想到一打開還真的是……紅心7。

觀眾嚇了一跳，難道自己真的有讀心術？

當然不是，觀眾所有的選擇，都是魔術師一步一步引導出來的。

這就是一種變形的「把答案偷偷藏在提問裡」的封閉式提問。

操控君王的故事

「把答案偷偷藏在提問裡」的封閉式提問，先是騙了小孩，再來騙了大人。現在我們再把難度往上調，利用紅葫蘆機制，來操控君王。

有人會說，君王不一定比較聰明啊，是啊，但這個風險肯定比較高，騙術被拆穿，可是會被砍頭的啊。

我們現在就來舉個用「封閉式提問」加「把答案偷偷藏在提問裡」的「紅葫蘆」法，操控君王的故事。

戰國時代，齊威王不到三十歲就繼承了王位，他一連三年，完全不理朝政，整天只知道飲酒作樂，把國家搞得亂七八糟。

看到齊國的國力越來越弱，鄰國紛紛出兵，併吞齊國土地，眼看齊國就要滅亡，齊威王還是一付完全不在意的樣子，大臣們個個心急如焚，卻沒有一個人敢去勸戒齊威王。

最後，一名叫淳于髡的大夫看不下去了，他去見了齊威王。不過他並沒有直接指責君王，反而是婉轉的說了一個故事，並且問了一個問題。

淳于髡說：「大王呀，我們朝中，飛來了一隻大鳥，大鳥羽毛豔麗，目光炯炯有神，但是牠棲息在王宮中已經三年，卻從來沒有展翅飛過一次，更沒有聽牠叫過一聲，宮裡的人完全不知道這隻大鳥的用意，聰明的大王呀，您可知道這是為什麼嗎？」

淳于髡用好奇探索的語言，詢問君王，言詞中沒有責罵也沒有怒氣，只是向君王傳達他的困惑。

故事說到這裡，我們先暫停一下，請問淳于髡是開放式提開，還是封閉式提問？

乍看是開放式提問，但因為這個問題太明顯了，幾乎人人都知道淳于髡指的大鳥就是齊威王，所以這個提問立刻從開放式提問變成封閉式提問，說白了，淳于髡就是在問齊威王：「大王，你會振作起來嗎？會？還是不會？」關於淳于髡的封閉式提問，齊威王的答案是「會」。

齊威王聽了，笑了笑說：「這隻鳥可不是一隻平凡的鳥，牠不飛也就罷了，一旦飛起來，就會一飛沖天；牠不叫也就罷了，一旦叫起來，天下人都會大吃一驚。」

淳于髡這一提問，齊威王這一回答，改變了齊國的命運。

從此，齊威王換了一個人似的，不再沉迷酒色，認真治理國家，齊國重新站穩腳步，再次富強了起來。

封閉式提問，可以讓孩子穿上外套，免於受寒。

封閉式提問，可以讓一個正常人自以為通靈，被你耍得團團轉。

封閉式提問，可以讓一個君王重新振作起來，免於滅國。

各位親愛的讀者啊，你說，封閉式提問是不是比金角、銀角大王的紅葫蘆還要厲害，一個不小心就會被騙上當，甚至化成一灘血水？
我想你一定會點頭，說對，沒錯。
因為……我使用的也是一句封閉式提問啊！

重點筆記

- 人類有一種奇妙的心理機制，那就是一旦做出選擇，就會被自己的選擇牢牢捆綁住。這種心理機制叫「紅葫蘆機制」。
- 「把答案偷偷藏在提問裡」的封閉式提問，目的是為了讓回答者做出選擇。一旦選擇說出口，就成功了一半以上。

第 13 課

心理行銷：親身經歷

你說的故事，最後聽眾全忘了；
聽眾自己說的故事，他們永遠不會忘。
不管你多會說故事，最好都適度的收起你講故事的欲望，
讓聽眾自己來說故事。

這一課，我們要談「讓人忘不了」的故事。

在那之前，我們先來瞭解一下「學習金字塔」。這是美國學者，艾德格・戴爾（Edgar Dale）提出的理論。

學習金字塔

這個理論的大意是：學習的方法分成好幾種，有些效果好，有些效果差，把它們一個一個排列起來，就像金字塔的形狀一樣。

舉一個具體的例子：兩個星期過後，你學習得來的東西，還剩下多少？

如果是透過「閱讀」而來的，只剩百分之十。

如果是透過「聽講」而來的，剩百分之二十。

如果是透過「圖片」而來的，剩百分之三十。

如果是透過「影像、展覽、示範、觀摩」而來的，剩百分之五十。

如果是透過「討論、提問、發言」而來的，剩百分之七十。

如果是透過「報告、教學、模擬體驗、實際操作」而來的，則會有百分之九十。

現在，我們把上面的理論簡化再簡化，簡化到最後，那就是你講的故事，兩個星期後，聽眾只記得百分之二十，但如果是聽眾自己體驗過的故事，那他們會記得百分之九十。

誇大一點來講就是：你說的故事，最後聽眾全忘了，而聽眾自己說的故事，他們永遠不會忘。也就是說，不管你多會說故事，最好都適度的收起你講故事的欲望，讓聽眾自己來說故事。

說自己的故事

最初的人類，最初的故事，大抵是這樣來的……

一群好奇的人躲在安全的洞穴裡，伴隨著溫暖的熊熊火光，聽部落裡的老人講述他親身經歷過的戰爭故事，例如「黃帝大戰蚩尤」。不管老人的故事裡戰爭多麼慘烈，死傷多麼慘重，在溫暖洞穴裡，聽故事的人永遠是安全的。

正因為太安全了，以至於他們聽完故事，回到家，睡個覺，故事就忘了一大半。

唯一不會忘的人是老人，因為他跟其他人不一樣，其他人用腦袋瓜子來記憶，然而老人卻是用身上的傷口來記憶。他就是自己故事裡死傷慘重的主角，沒有人會忘記自己身上的傷口。

如果你覺得「黃帝大戰蚩尤」的例子距離太遙遠了，我們舉幾個近一點的例子。

我永遠不會忘記自己被汽車迎面撞倒，倒在地上流血，想要呼救，卻完全發不出聲音的畫面。

我永遠不會忘記騎車載著女兒時，一不小心發生意外，害女兒的腳捲進車輪裡。女兒痛苦、女兒恐懼、女兒尖叫，但我卻完全無能為力，無法把她的腳從車輪裡拔出來。

我只能驚慌失措，簡直快瘋了似的，任由女兒的痛苦、恐懼，和尖叫，一直持續下去，然後變成我心中永遠的惡夢。

這些完全沒有預料到，突然而來的意外經驗，我永遠都不會遺忘。

我想每個人或多或少，都有幾個這樣永生難忘的經驗。

類似的邏輯，如果你的故事能夠把聽眾捲進你的車輪裡，讓他們痛苦、恐懼，和尖叫一陣子，讓他們身歷其境，當上故事的主角，如此一來，包準聽眾一輩子都不會遺忘你說的故事。

不，他們自己的故事。

課堂上的流血事件

我在台灣固定開設「劇本創作課」，簡單來講，就是教學生有系統、有結構的說故事。

在我的課堂上，這些從四面八方而來，因為想學編劇而聚在一塊的人，第一堂課時，經常會遇到一些「意外」事件。

舉上一期的「劇本課」為例，那一次的第一堂課，發生了一個流血事件。

上課還不到十分鐘，台下有位年輕的短髮女孩正在自我介紹時，突然有個陌生的男孩衝進了課堂，對著正在自我介紹的短髮女孩破口大罵。

大意是這個短髮女孩搶走了男孩的女朋友。你沒聽錯，我的學生，正在自我介紹的短髮女孩，搶走了男孩的女朋友。也就是女女戀。

男孩很直接，女孩也挺有個性的，兩個人針鋒相對，你來我往，也不怕旁邊有那麼多陌生人圍觀，你咒罵我一句，我就回敬你兩句，兩個人大喇喇的就把他們的恩怨情仇全都曝了光，洩了底。

因為三角戀而爭風吃醋的年輕男女吵架，我們實在很難插得上手。但……如果他們進一步打起架來，那我們就不得不插手了。

兩人越吵越激動，最後男孩實在氣不過，抓起椅子就往女孩身上砸，這個舉動惹怒了在場的一位正義男。正義男忍不住了，他跳出來，跟男孩上演起全武行，場面已經完全失控了，這時該怎麼收場？

且讓我賣個關子，在這個地方按個暫停，先來說一說其他的故事。

親身經驗，永遠難忘

我們先來舉一個利用親身經驗，讓聽眾永遠忘不了的真實故事。

美國最高的職業籃球聖殿ＮＢＡ，每個球季開賽前，都會針對一年級的菜鳥，展開為期六天的新生訓練。

訓練的內容五花八門，主要是針對這些大多不滿二十一歲，一夕之間成名的小伙子，傳授他們一些在ＮＢＡ打滾的生活技能，包括如何應付兇猛的媒體，以及如何妥善管理突然而來的驚人財富。

其中有一個環節特別重要，可能一夕之間就會毀了這些未來的大明星，那就是已經氾濫成災的愛滋病。

如果台上的講師苦口婆心的告訴台下的年輕人，要特別小心那些投懷送抱的女粉絲，因為這未必是一件好事，這些女粉絲很可能是愛滋病的帶原者。當然，台上的講師可能會再舉被感染了愛滋病的明星球員魔術強森為例。然而，不管台上的講師再怎麼認真，對這群渾身散發著強烈荷爾蒙的年輕人，都無法收到具體的效果。

除非……他們曾經「親身」經歷過。

「親身」經歷過？這聽起來有點矛盾，如果他們親身經歷過，就不會出現在美國職籃NBA的新生訓練了。

所以重點出來了，那就是利用安全的方法，讓這些吊兒郎噹的球員，發生一輩子難忘的「意外」。

台上的講師決定用「演」的，來「說」故事……

即使美國職籃NBA的新生訓練過程，主辦單位在各個方面都小心謹慎，防備嚴密，但依然招來了一些識途老鳥。這些打扮得花枝招展的女粉絲，在新生訓練場所附近的旅館、酒吧、餐廳蠢蠢欲動，等著捕捉散發著強烈荷爾蒙的年輕獵物。

看到帶著崇拜眼神、笑盈盈的迎向他們的女粉絲，年輕球員們立刻忘了課堂上苦口婆心的提醒。

女粉絲用眼神、用肢體勾引年輕的球員們，先是打情罵俏，再來是摟摟抱抱，最後相約明天再見。在彼此熱烈的眼神裡，年輕球員們渴望明天的見面，因為明天兩人的關係必定會更進一步，再一步。

隔天早上，年輕球員們開開心心的來上課，眼神裡還有昨晚的得意神情。

因為昨天晚上，他們被女粉絲捧了上天。

歷經了昨天晚上第一次見面的迂迴試探，年輕球員們一個個無比渴望今天，因為今天肯定會簡單許多，或許更進一步，或許單刀直入。

而現在就是今天了。年輕球員們每個人都在腦袋裡幻想了一百種、一千種、一萬種的肌膚之親。

這不能怪他們，對這些精力充沛的年輕男孩而言，性是初嘗走紅滋味的大餐上面的甜點。或者說的直接一點，上帝造人，性是最重要的一環。

問題是，這些年輕球員們根本不知道這些投懷送抱的女粉絲是誰？

她們之前投懷送抱在誰身上？

這肯定不會是這些識途老馬女粉絲的第一次，只是不知道這是她們的第十次，還是第一百次。

每多一次，風險就上升幾分。

別想了，開始上課吧，今天上台的老師是……

「各位好，我叫露西。」露西？好熟悉的名字。

「各位好，我叫瑪莉。」瑪莉？好熟悉的聲音。

「大家好，我叫喬安娜。」喬安娜？好熟悉的……一張臉。

這三個台上的老師好眼熟啊，年輕球員們各自搜尋昨天晚上的記憶，只是昨晚的燈光太昏暗了，沒看清楚對方的臉。只是昨晚的聲音太吵雜了，沒記清楚對方的名字。但他們清清楚楚記得那個女孩靠在他們身上時，熱得發燙的體溫，以及今天晚上更進一步的約定。

露西、瑪莉、喬安娜，台下的年輕球員陸陸續續想起來了。她們就是昨天晚上跟自己濃情蜜意、耳鬢廝磨，且相約今天晚上再見可以更進一步探索彼此的女孩。只是沒想到她們提早來了，而且沒有化妝打扮就來了。

在白天強烈的燈光下，再仔細看看這些女孩，沒有任何包裝，也不賣弄風騷，她們像極了鄰家女孩，是那種在路上遇到了也不會多看一眼的女孩。

然而比這些女孩的穿著打扮更樸素、更原滋原味的是……她們的坦白。

叫露西的女孩說：「三年前，我的ＨＩＶ（愛滋病病毒）血液檢測結果，呈陽性反應。」

叫瑪莉的女孩說：「我是前年被檢驗出來的，我ＨＩＶ血液檢測也是陽性反應。」

叫喬安娜的女孩說：「我也是陽性反應，去年被檢驗出來的。」

「ＨＩＶ？陽性？」這些年輕球員們交頭接耳：「好耳熟啊，這到底是什麼意思？」

其實，昨天台上的講師已經說過了，只是台下沒有一個人記住這幾個詞。ＨＩＶ就是「愛滋病病毒」的縮寫，而陽性反應代表的是……

露西說：「我是愛滋帶原者。」

瑪莉說：「我也是愛滋帶原者。」

喬安娜說：「我不只是愛滋帶原者，而且已經發病了。」

底下的年輕球員瞬間起了一陣騷動，昨天晚上他們距離愛滋病居然是如此的近，現在的他們一個個身體發燙，心跳加速，跟昨天晚上的反應類似，只是今天多了全身起雞皮疙瘩。

原來，只要再一步，小小的一步，他們夢想了一輩子的ＮＢＡ職籃球員生涯就要結束了。永遠的結束了。

這些年輕球員們，將永遠不會忘記眼前這一刻，那像是一拳正中紅心，扎扎實實的打在他們臉上，滿頭滿臉的鮮血直流。

腦袋記不住的，身體幫他們牢牢記住了。

讓故事離聽眾很近

什麼故事永遠不會遺忘？

答案是發生在自己身上的故事。

但……有辦法讓每個故事都用「演」的嗎？

當然沒那麼簡單，「演故事」必須在特殊情境下，搭配適合的空間，以及相對比較長的時間，才有辦法完成。

不過別擔心，我們有一些聰明的替代方案可以用，它可以讓故事距離聽眾很近、很近、很近、很近。

舉個例子，澳洲不久前拍了一支交通安全的廣告：大馬路上，記者隨機抓了一個路人來訪問，並且問了他一個問題。

特別提醒一下，記者挑的這個路人看起來非常不起眼，真的就像是我們走在路上會碰到的那些人，而發問的記者則是從頭到尾都隱身在鏡頭之外。所以觀眾看到的畫面是：有個聲音在問路人問題。

以上的設計就是要讓觀眾有代入感，讓觀眾感覺到，其實啊，記者採訪的路人就是你啊。

現在採訪開始了！

畫面外的聲音問：「澳洲，去年一整年死於交通意外的人數是兩百四十九人，你認為多少的數字是你可以接受的？」

路人搖頭晃腦：「嗯……大約……可能的話……」

愣了愣，想了想，最後路人說了一個非常合理的數字：「七十。」

七十大約是兩百四十九的一半，再一半。

純粹用數字的角度來看，「七十」只有去年死亡人數的百分之二十八，已經大大減少了百分之七十二了。

再換個角度，如果是從人民的角度來看執政當局的表現，那麼七十這個數字也值得民眾拍手鼓掌，而且是拍到手掌都紅了那種。

七十，是個完全看不出問題的數字。

但如果是「七十個人死亡」呢？

加上「人」，再加上「死亡」……是不是察覺到一點點不太對勁了？

但說實在的，這也不明顯。但緊接下來的情節，發生大逆轉。

隨後，記者對著對講機說：「可以送『七十』來嗎？」

送「七十」來？這是什麼意思？

路人丈二金剛摸不著頭緒，觀眾也一樣。

隨後，記者對著路人說：「實際上，七十個人看起來是這樣的。」

路人回頭一看，瞬間傻住了。

在眼前的這七十人……全部是這位路人的家人，還包括了他最親愛的太太和小孩。

路人看著自己的家人，一共七十個人慢慢的朝自己走來，眼前的「七十個人」就是他剛才說的「可以接受的死亡數字」。

路人紅著眼眶說：「他們全都是我的家人。」

記者又問了一次：「你現在覺得可以接受的死亡數字是多少？」

這一次，路人一點都沒有遲疑，他堅決的說：「沒有，零個。」「沒有，零個。」路人又重複了一遍，他一邊說，一邊擦眼淚。

隨後，小女孩大叫著：「爹地。」開心的朝路人跑了過去。

小女孩不知道在這短短的一分鐘之內，父親隨口的一個數字「七十」，讓女兒死去。

一個認真的數字，零，父親又讓自己的女兒活了過來。

伴隨著路人最後抱起女兒的畫面，影片的最後秀出字幕：「沒有一個人不會被思念。」

沒有一個人不會被思念。是啊，因為是家人，所以沒有一個人不會被思念。但如果不是家人呢？這個微電影做了一個很棒的示範。

讓人震撼的故事可以這樣說：把一件遙遠不相干的事，往身邊拉，一直

拉，一直拉，直到它變成自己的事為止。

現在讓我們回到「編劇創作課」的第一堂課，我剛才講的陌生男孩和短髮女孩之間三角戀的故事。

教室現場正在上演著全武行，陌生男孩和正義大叔扭打了成一團，甚至兩個人都掛彩流血了。

直到這時，編劇班的學員們全都被捲進故事裡了，因為有一大部分的學員尖叫著衝出教室喊：「救命啊，殺人了！」一小部分的學員幫正義大叔壓制住陌生男孩，帶著忍不住的得意神情說：「王八蛋，把老子當軟柿子啊……」

「卡！結束。」我出聲喊停。

隨後，短髮女孩立刻衝上前，拉起被壓在地上的陌生男孩，兩個人對看了一眼，一起轉頭看著我，一臉等待著什麼的表情。

我說：「你們兩個演得實在太好了，為我們全班同學示範了戲劇的第一堂課：戲劇如果可以濃縮再濃縮，濃縮到最後只剩下兩個字的話，那兩個字就叫做『衝突』。」

我剛才說過了，但值得再說一次：

讓人震撼的故事可以這樣說：把一件遙遠不相干的事，往身邊拉，一直拉，一直拉，直到它變成自己的事為止。

重點筆記

- 你講的故事，兩個星期後，聽眾只記得百分之二十，但如果是聽眾自己體驗過的故事，那他們會記得百分之九十。
- 讓人忘不了的故事，就是自己親身經歷的故事。

第 14 課

銷售天王的九二一大對決

人生就是一場「重複博奕」的旅程，
腦子聰明很好、技術高超很棒，
但有比這些更重要的東西，
那就是「你是一個怎樣的人」。

前面我們已經學了很多、很多、很多行銷技巧了。

現在的你像第一課裡的賣花童一樣神了嗎？

或許有，或許沒有，至少你已經往前跨了很大一步。

但在最後一課，我最想要告訴你的是：不、要、變、成、賣、花、童！

為什麼？

我先問你一個問題，賣花童是誰？如果他這麼厲害，為何他沒有變成羅振宇、賈伯斯、畢卡索，而依然只是個賣花童。

答案是……賣花童是一次博奕的人物。

而羅振宇、賈伯斯、畢卡索是重複博奕的人物。

一次博奕與重複博奕？

什麼是一次博奕？什麼是重複博奕？

拿風景區的攤販，跟你家樓下的水果攤做比較。

風景區的攤販很清楚，遊客日後再來的機率非常低，所以他跟遊客的交集只有這一次，耍點小聰明騙騙遊客，遊客也無可奈何。至於樓下的水果攤，只要他膽敢耍小聰明，一次受騙之後，左鄰右舍再也不會上門，生意最後肯定做不下去。

人生就是一場「重複博奕」的旅程，腦子聰明很好、技術高超很棒，但有比這些更重要的東西，那就是「你是一個怎樣的人」。

什麼是「你是一個怎樣的人」？

舉個例子，全世界最有影響力的兩位銷售天王的故事。

兩位銷售天王

一九九九年九月十八、十九、二十日，全世界最知名的兩位銷售天王，喬．吉拉德（Joe Girard）和梅第．法克沙戴（Mehdi Fakharzadeh），應「實踐家教育集團」的創辦人林偉賢之邀來到台灣。

他們將展開為期三天的演講。演講結束，九月二十一日短暫停留一天，然後離台。當時還沒有人知道，他們停留的這一天，日後將會非常有名，它的名字叫「九二一」。

我們先簡介一下兩位講者。

第一位叫喬・吉拉德，世界上最偉大的銷售員，賣車賣到變成金氏世界紀錄保持人，一天可以賣出十八輛。

他的祕訣是「專注」，按照他自己的說法是：「我總是讓自己走在一條通往『目標』的絕對直線，不浪費任何時間在無助於成功的事物上。所有干擾你成功的因素，都是你內心的魔鬼，必須排除。」

喬・吉拉德＝專注＋目標＋排除。理性、超理性、絕對的理性。

在銷售上，喬・吉拉德取得巨大的成功，但在做人上，他的同事都不怎麼喜歡他。

第二位叫梅第・法克沙戴，一個連英文都不會的伊朗移民，最後卻成為美國大都會人壽長達數十年的銷售冠軍，甚至於二〇〇八年獲選為「美國風雲人物」，人稱「保險教父」。

相較於喬，大家都很喜歡梅第，他的人緣特別好。說個小故事，你就知道為什麼了。

梅第有一次到外地用餐，發現女服務生的態度非常好，於是他非要見一見她的經理不可，只為了對他說一句你的員工有多棒。

離去前，梅第給了女服務生一張名片，然後說：「日後，如果有什麼我可以為你服務的地方，一定要告訴我。」

離開餐廳之後，梅第依然心心念念，他不想被動等女服務生來找他，於是幾天之後，他主動回來找女服務生，並且送了她一份禮物。

什麼禮物？答案是「賣女服務生一張保單」。

哈哈哈……

我聽到你傳來的奸詐笑聲了。是的，是你奸詐，不是梅第奸詐。他之所以這麼做，純粹是因為他真心認為保單是他所能給出去最棒的禮物，他真心喜愛他的保險業務。

梅第＝使命＋情懷＋愛。感性，超感性，絕對的感性。

三天的演講結束，九二一悄悄來了。

負責接待兩位大師的林偉賢，九月二十日當晚送梅第回飯店時，不知是出於預感，還是什麼的，梅第對他說的最後一句話是：「你永遠不知道，明天和死亡，哪一個先來。」

當時的林偉賢對死亡完全無感，因為那時他才三十幾歲，距離死亡實在太遙遠了，他甚至認為那只是銷售的習慣話術。

時間滴滴答答，無人察覺異樣。

午夜十二點，日期跳到九月二十一日，又過了一小時四十七分後，台灣發生了超級大地震，史稱九二一大地震，死亡人數超過兩千人。

地震過後，林偉賢第一時間趕到飯店，當他打開梅第的門時，嚇了一大跳，老先生居然跪在窗邊。他心想，老先生應該是受到巨大的驚嚇吧。

不是！梅第對林偉賢說：「對不起，我為台灣帶來了厄運。」

老先生居然把地震的罪，攬到自己身上。隨後，梅第為今天來聽他演講的兩千多名業務禱告，希望他們平安。然後為主辦單位、上上下下所有的工作同仁禱告。最後再為台灣這塊土地上，所有不認識的人禱告。

三次禱告完之後，老先生請林偉賢幫忙，把原訂明天離台的機票改期。

林偉賢點點頭：「沒問題，我趕緊來處理，今天立刻、馬上，就送你離開台灣。」

沒想到老先生居然搖搖頭：「不不不，我的意思是請你幫我延個三、四天，我想留下來，看看有沒有需要我幫忙的地方。」

林偉賢聽了，感動極了，原來這就是傳說中的「使命＋情懷＋愛」，梅第奉行了一輩子的銷售祕訣。

此時，外頭的敲門聲響起，門一打開，是世界上最偉大的銷售員，喬．吉拉德。他已經把所有的行李都打包好，並且背在身上了。

喬．吉拉德說：「走了、走了、走了，今天、現在、馬上、立刻就走。」

林偉賢聽了，哭笑不得，原來這就是傳說中的「專注＋目標＋排除」，喬奉行了一輩子的銷售祕訣。

理性還是感性？

在銷售上，理性的喬和感性的梅第，同樣取得大成功。但差別在做人上，每個人都很喜歡梅第，比較少人喜歡喬。

不過換一個角度來看這個故事，就會有不同的啟發。賣汽車的，本來就應該先走，因為現在這裡沒你的事。至於賣保險的，最後走才是對的，因為現在……滿地都是機會，到處都是客戶。

理性好，還是感性好？

其實順著你的天賦走，然後微調一下，最好！

如果你有辦法「刻意練習」，也沒什麼不好。

重點是別迷信大師，他們都是他們自己的特例。因為在銷售上，並沒有太大的差別，它們都能讓你成功。

現在我們把前面說過的話，再重複一遍：

人生就是一場「重複博奕」的旅程，腦子聰明很好、技術高超很棒，但有比這些更重要的東西，那就是「你是一個怎樣的人」。

因為它決定了別人下次、下下次、下下下次，還願不願意跟你交易。

下次再見到賣花童，你會想盡辦法防備他，然而他只不過是要賣你一支幾十塊的玫瑰。

如果你遇到的是梅第，你會主動衝上前去，跟他握手，跟他擁抱，然後沒什麼必要理由，就買了一份幾十萬塊的保單。

人生最危險的是……只聰明了一次。

人生最美好的是……來日相見時，我們都能有想要擁抱對方的衝動。

朋友，請原諒我，耍了個小聰明，在這裡提前預約了你的擁抱。

重點筆記

- 無論你是選擇理性或感性，記得順著你的天賦走，然後微調一下，最好！
- 重點是別迷信大師，他們都是他們自己的特例。因為在銷售上，並沒有太大的差別，它們都能讓你成功。

故事課

99% 有效的故事行銷，創造品牌力

作　　者——許榮哲

主　　編——林孜懃
封面設計——萬勝安
內頁設計排版——中原造像　魯帆育
行銷企劃——鍾曼靈
出版一部總編輯暨總監——王明雪

發 行 人——王榮文
出版發行——遠流出版事業股份有限公司
104005 台北市中山北路一段 11 號 13 樓
電話：（02）2571-0297　傳真：（02）2571-0197　郵撥：0189456-1
著作權顧問——蕭雄淋律師
2019 年 4 月 1 日初版一刷
2024 年 4 月 20 日初版十八刷

定價——新台幣 350 元（缺頁或破損的書，請寄回更換）

ISBN 978-957-32-8523-6

遠流博識網
http://www.ylib.com　E-mail: ylib@ylib.com

國家圖書館出版品預行編目（CIP）資料

故事課 : 99%有效的故事行銷,創造品牌力 / 許榮哲著. -- 初版. -- 臺北市 : 遠流, 2019.04
面； 公分
ISBN 978-957-32-8523-6(平裝)

1.行銷學 2.品牌行銷 3.說故事

496 108003534